クラウドソーシングが
不可能を可能にする

小さな力を集めて大きな力に変える科学と方法

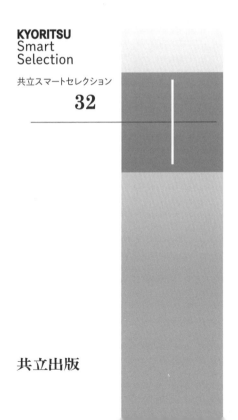

森嶋厚行 ［著］

コーディネーター　喜連川優

KYORITSU
Smart
Selection

共立スマートセレクション

32

共立出版

まえがき

◆ 群衆の力で不可能を可能にする

　1970 年代，ホームブリュー・コンピュータ・クラブのメンバーには，世界中の人々が自分のコンピュータを持つ未来が見えていた．1990 年代，Web 検索エンジンサービスを興した人々は，Web のすべてのページをダウンロードしてサービスを提供することが実現する未来が見えていた．本書を手に取っていただいた方々は，クラウドソーシングを通じて数十億もの人々と AI が協働する未来がどうなるのか，薄々感づいている方々であろう．

　クラウドソーシングとは，コンピュータネットワークを通じて，不特定多数の人々（crowd：群衆）に仕事を委託することである．計算機による人工知能技術の近年の進化は素晴らしいものがあるが，万能とはほど遠い．解決のために人手を必要とする問題は数多くあるが，かつては，人に仕事を依頼しその結果を収集，処理することは簡単なことではなかった．近年，コンピュータネットワークの発達によって，それを行うコストが圧倒的に下がったことが，世界的にあらゆる分野でのクラウドソーシングブームを起こしている．人類史上初めて，圧倒的なスケールで人々の力を結集する手段を我々は手に入れたのである．近年のコンピュータサイエンスのトピックの中で，クラウドソーシングは，性能 X 倍といったこれまでの延長線上ではなく，これまで不可能であったことを可能にする，つまり，0 を 1 にする数少ない技術である．米国ではクラウド

ソーシングに関するベンチャーが数多く出現し，日本においても様々な企業がクラウドソーシングに関連する事業に参入している．

　クラウドソーシングは二つの意味で注目に値する．第一は，AIとの密接な関係である．近年の AI の成功要因の一つはクラウドソーシングによる機械学習データの収集や意味付けによるといっても過言ではないであろう．AI スピーカーがあれほど賢いのは，利用者の声と利用パターンの入手を「クラウドソース」しているからである．また，純粋な機械だけによる AI の限界を超えるために，これからの AI は，事前の学習データの入手だけにクラウドソーシングを活用するだけでなく，内部の奥深くにクラウドソーシングが組み込まれたヒューマン・イン・ザ・ループ型の融合知能が大きな流れになる．

　第二は，働き方と経済への影響である．シェアリングエコノミー，ギグエコノミー等の言葉で表される新しい働き方は，すべて本質的にクラウドソーシングである．これまでの常識とは異なる働き方で生活をしていくことが，現在はそれほど一般的でなかったとしても将来には当たり前の時代が来るであろう．マット・リドレーは，分業こそが人類繁栄の本質であると指摘しているが，クラウドソーシングはまさに人類の分業の形態を新たな段階に導くものである．

◆ 本書は何であり，何でないか

　本書は，そのような「クラウドソーシング」と，それと密接に関連するコンセプトである「ヒューマンコンピュテーション」の科学と方法に焦点をおいた入門書である．次のような読者を想定している．

(1) これらの言葉を聞いたことはあるが，正しく本質を理解したい

(2) クラウドソーシングを利用して行いたいことがあるが，その実現にあたってはどういう問題があり，どう解決すればよいのかがわからない

(3) クラウドソーシングやヒューマンコンピュテーションに関する研究の最前線に関する情報を知りたい

　クラウドソーシングについて語られた書籍は他にも出版されているが，本書は，

(1) クラウドソーシングを利用して行いたいことがある人に向けて，それを実現するための設計の考え方，選択肢，ポイント，設計技法を説明すること

(2) 特定のトピックに限定せず，クラウドソーシングの設計に関わる問題，技法などの事項を網羅すること

の2点に重きを置いている．この分野に興味を持ち知識を得たいだけでなく，実際にクラウドソーシングで行いたいことがある人，既存のサービスを使ってみたが，うまく使いこなせなかった人，もっと色んなことができるのではないかと考えている人，この分野を深く知りたい大学生・大学院生，これからこの分野の研究を始めたいと思っている研究者，などに役に立つ本となるように執筆した．

　一方で，本書は次を含まない．

(1) 特定のクラウドソーシングサービスの利用方法の詳細

(2) クラウドソーシングサービスで仕事を引き受ける人への指南

(3) 特定のアルゴリズムの詳細な解説

これらに関しては，全体を把握した上で，本書で紹介している関連書籍や論文を参照することを推奨する．

◆ 本書の構成

1章では，できるだけ多様な視点からクラウドソーシングとヒューマンコンピュテーションの全体を俯瞰する．そこで解説するように，クラウドソーシングは一過性のブームでなく，社会の変革の流れの一つであると認識する必要がある．あらゆる社会の問題をクラウドソーシングの視点から見ることによって，目の前には新しい景色が広がるはずである．

2章では，クラウドソーシングを利用したシステム（クラウドソーシングシステム）を設計する際の構成要素について説明する．クラウドソーシングで実現したいことがあるときに，何を決めなくてはいけないのか，そこでの選択肢は何か，ポイントを説明する．

3章では，クラウドソーシングの全体設計について説明する．同じことを実現するクラウドソーシング設計の選択肢は複数あるが，利点や欠点を踏まえた上で，どのような全体設計にすべきかという方針とそこで利用可能な技法について説明する．

◆ 執筆の方針

筆者は2011年より，数多くの研究者と意欲ある学生たちと協力してクラウドソーシングプラットフォームの開発運用を行ってきた経験があり，様々な公益・学術クラウドソーシングプロジェクトに参加してきた．また，商用クラウドソーシングサービスとも連携して研究にあたってきた．これらの過程で，クラウドソーシングの設計で何度も失敗し，そしてより良い方法を見つけるという奮闘を繰り返してきた．本書は，これらの経験から得られた知見を反映させられるように努力している．全体を通じて，クラウドソーシング，ヒューマンコンピュテーションに関する概念，最新の研究，実際の経験による知見などを単に羅列するのではなく，整理して互いに関

連付け，説明することを心がけた.

　クラウドソーシングは目的ではなく，単なる「手段」である. しかし，ありとあらゆる領域の再構築を引き起こしつつある革命的手段である. クラウドソーシング革命は静かに，確実に広がっている. 本書をきっかけに，読者がこの分野を開拓する同志の一人となっていただければ，それ以上に嬉しいことはない.

◆ 謝辞

　本書の執筆については多くの方々にお世話になった. まずは本書執筆の機会をつくっていただいた，共立スマートセレクションの情報系分野の企画委員長の西尾章治郎先生，企画委員兼，データベース・メディア領域コーディネータの喜連川優先生，同企画委員の原隆浩先生，共立出版株式会社の関係者の皆様に厚く御礼申し上げる. クラウドソーシングは多様な分野にまたがる話題であり，一人ですべての分野の専門知識をカバーすることは難しい. 本書は他の多くの研究者の成果に基づいて書かれているだけではなく，Crowd4U コミュニティの皆様，JST CREST CyborgCrowd のメンバー，Yahoo! JAPAN 研究所の清水伸幸様と Yahoo! クラウドソーシング事業部の皆様，Crowd4U 開発運用の中心メンバーである学生の皆様，松原正樹先生，阪口哲男先生，および数多くの共同研究者，実践者とともに進めてきた数多くのクラウドソーシングプロジェクトの知見と研究成果を反映させている. クラウドソーシング研究会の小山聡先生，鹿島久嗣先生，櫻井祐子先生，馬場雪乃先生，松原繁夫先生，および共同研究者の森田ひろみ先生にはそれぞれの専門で詳しい項目に関して教えていただいた. 筑波大学名誉教授の田中和世先生には全体的に読んでいただきコメントいただいたほか，研究室スタッフの皆様にもコメントいただいた. しかし，

本書に間違いがあればそれはすべて著者によるものであることは言うまでもない．最後に，常に側で励まし支えてくれた家族に感謝したい．

2020 年 2 月

森嶋厚行

目　次

クラウドソーシング登場

1.1 クラウドソーシングとは

1.1.1 あらゆる分野で変革を起こすクラウドソーシング

「クラウドソーシング」という言葉は使われていなくても，クラウドソーシングはすでに様々な分野を変えつつある．次の5つの話はそれぞれ全く別の分野で起こっているが，すべて「クラウドソーシング」の事例である．

● チェスチャンピオンとの対決

1999年6月21日，カナダのXさんは落ち着かなかった．憧れのガルリ・カスパロフとのチェス対決が始まる日なのである[91]．ガルリ・カスパロフは，1997年にIBMのスーパーコンピュータ Deep Blue とチェス対決をしたことで有名な，当時のチェスチャンピオンである．その彼と戦うチャンスができたというのだ．その仕組みはこうだ．Xさんはオンラインで1日に一度，

駒を動かすことができる．それは，75 ヶ国以上から参加したの
べ 5 万を超える人々による投票の一つとなり，その日のうちに多
数決で最終的にどの駒を動かすか決定される．次の日にはカス
パロフが駒を動かし，交互に駒を動かすことになる．カスパロフ
と対決する 5 万 8 千人は "The World Team" と名付けられてい
る．The World Team にはチェスチャンピオンは含まれていな
いが，4 人の専門家がアドバイスを行う．62 手後，その勝負はカ
スパロフの勝利に終わったが，圧勝とは言えないものであった．
カスパロフは後日「最も偉大な戦いの一つであった」と語ってい
る [56].

● **奇妙な論文**

2010 年，著名な学術雑誌 *Nature* にその奇妙な論文は掲載さ
れた．タンパク質解析に関するその論文は，多くの著者の共著
であるが，その最後の著者がおかしいのだ．通常，著者は個人名
であるが，その論文の最後の著者には "Foldit players" と書か
れている．Foldit players とは，オンラインで公開されたゲーム
"Foldit" をプレイした人々のことである．Foldit は一種のパズ
ルゲーム（図 1.1）であり，タンパク質に似た形が 3 次元で表示
される．実は，そのパズルを解くゲームをプレイすることによ
り，タンパク質の構造解析の手伝いをしていることになっていた
のだ．このタンパク質構造解析は計算機には解くのが困難な問題
として知られているが，掲載された論文では，Foldit のトップ
プレイヤーは非常にうまくタンパク質構造予測ができることが示
されている．2011 年には，15 年間未解決であった特定のプロテ
アーゼの解読を Foldit のプレイヤーの助けによりわずか 3 週間
で解決することができた [60].

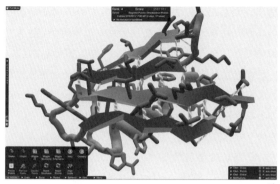

図1.1　オンラインパズルが科学的発見につながっている（Foldit サイト[1]より）.

● タクシーがない場所で移動する

　Aさんは海外のある国の地方で駅を降りた後，すぐに宿に向かうつもりだった．しかし，そこは公共交通機関が発達していない郊外の上にタクシーも見当たらず，どうすればよいかわからない．Aさんはスマートフォンを取り出し "Uber アプリ" を立ち上げた．Uber とは2009年に設立された会社であり，一般の人が空き時間に自分の車を利用した送迎業務に従事し，その人たちと配車希望者と結びつけるアプリを提供している．Aさんがアプリを立ち上げると，現在のAさんの位置がGPSで示されており，ちょうど近くに車があることが示されていた．その車をクリックすると，以前にその車に乗った人々の評価が高いことが示されていたので安心して依頼することにした．宿の位置を地図に入力すると，わずか3分で車が到着した．支払いは，登録したクレジットカードから自動的に引き落とされるため，トラブルもなく，無

事に宿に到着した．A さんは満足したためアプリでそのドライバーの評価を最も高い 5 とした．公共交通機関が発達している日本においても，地方の過疎地等でこのような状況は起こりうる．実際，京都府京丹後市では Uber と提携して，地域住民がドライバーとなる「ささえ合い交通」を 2016 年に開始している．

● **全米のどこかにある風船を数時間で見つける**

2009 年のある日，B さんは友達の C さんから E メールを受け取った．そこには Web ページへのリンクが置かれており，説明を読むと大きな赤い風船を見つけた人には 2,000 ドル支払うという実験をマサチューセッツ工科大学（MIT）が行っているというのだ．近くを見回してもそれらしいものは見つからなかったが，ルールによると自分で見つけなくても自分が紹介した他の人が見つけた場合には 1,000 ドル受け取れるとのことである．B さんは自分の Facebook にその情報が書かれたリンクを載せることにした．B さんは残念ながら報酬を受け取ることができなかったが，気になってあとで調べると，MIT のチームは 9 時間かからずに全米に隠された 10 個の風船を見つけることに成功したとのことであった（図 1.2）．

● **落雪の依頼？　それとも調査の手伝い？**

D さんはボストンに住んでいる．ある朝，ドアを開けると，前夜の吹雪による丘からの落雪のために車を動かせないことに気づいた．D さんはスマートフォンで "Citizen Connect" というサービスにアクセスし，その様子の写真をアップロードして，市に状況を報告した．Citizen Connect とはボストン市が 2009 年より運営しているサービスであり，道路の不具合や除雪要請などの報告をスマートフォンからインターネット経由で市民に行ってもらうサービスである．ほどなくして，除雪車が周辺の雪を除去する

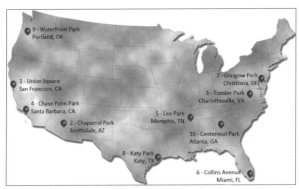

図1.2　米国全土に設置された10個の風船をMITチームはクラウドソーシングによって9時間足らずで見つけ出した（文献[109]より転載）.

のをDさんは確認した.　2012年には，Citizen Connectを通じた市民サービスへの通報が全体の20%を占めたと報告されている[28].　このシステムは市民からの通報手段として利用されると同時に，行政側にとっては，結果的にどこで落雪が起きたのか状況の把握を市民の助けを借りて行えるというメリットがある.　現在，同様のシステムは日本においても千葉市などの様々な自治体で導入されている.

1.1.2　クラウドソーシングとオープンコール

　クラウドソーシングとは，不特定多数の人々（crowd：群衆）に作業や，お金の拠出を依頼するなど，何らかの貢献を委託（sourcing）することである.「クラウドソーシング」という言葉は，2006年に当時 *Wired* の編集者ジェフ・ハウ[2]による *Wired* の記事 "The Rise of Crowdsourcing" によって広まった.　しかし，後

―――――――――――――――――――

[2] https://pulitzercenter.org/people/jeff-howe

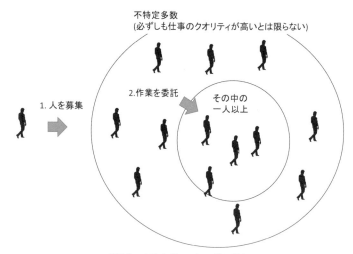

図 1.3 クラウドソーシングの概念.

述するように，このコンセプトは昔から徐々に様々な領域で取り入れられてきたものである．

　さて，正確には何がクラウドソーシングであり，何がクラウドソーシングでないのだろうか．多くの人に作業を依頼すればそれはクラウドソーシングなのであろうか？　例えば，昔から辞書や辞典の作成には多数の人々が関わってきたが，これらはクラウドソーシングだろうか？　実は，クラウドソーシングは，作業の品質が十分高いとは限らない不特定多数の人を対象に募集し，その中の誰かに作業を委託するという特徴を持つ（図 1.3）．これは一般には**オープンコール**（open call）と呼ばれる手続きとして知られている[3]．

　すなわち，必ずしも仕事のクオリティが高いとは限らない不特定

---

[3] オープンコールの他の例としては，役者の公開オーディションが挙げられる．

多数の中から，オープンコールによって，特定個人，グループ，もしくは大人数を採用し，それらの人たちに作業を依頼することがクラウドソーシングなのである．したがって，専門家に依頼して行っていた伝統的な辞書の作成は，クラウドソーシングとは厳密にはいえない．しかし，計算機ネットワークが発達するまでは，多人数に仕事を委託すること自体が困難であったので，そもそも一般的にどうやって多人数で仕事をすればよいかに関する知見は明らかになっていなかった．したがって，後述するように，どうやって多人数で仕事を分担するかということは，クラウドソーシングにおける重要な問題の一つになっている．

1.1.3　クラウドソーシングの歴史

クラウドソーシングの歴史は，仕事の委託に利用可能なメディアの歴史と密接につながっている（図1.4）．古代エジプトのテーベ（Thebes）では，いなくなった奴隷を見つけて連れ帰ってくれた人には謝礼をするという広告がなされた．17世紀から18世紀にかけては，書籍出版のために読者からお金を集めるというモデルが広く採用されていた．1714年に英国議会は経度法を制定し，精度の高い経度の計測法を開発した者に懸賞金を与えることとした．1839年に英国大蔵省は，郵便料金の支払い方法に関する原案を具体化するアイデアを公募し，約2千6百もの応募があったといわれている（これは世界初の郵便切手の発行につながった）．1885年には，自由の女神の台座を作るための募金が行われ，個々は少額ながら16万人以上からの寄付を集めた．自由の女神そのものも，実はフランスでの寄付で作られている．1936年には，自動車メーカのトヨタがロゴのデザインを公募し，2万7千件の応募があった．1991年に登場したLinuxでは，これまで少なくとも数千人の人々が開発

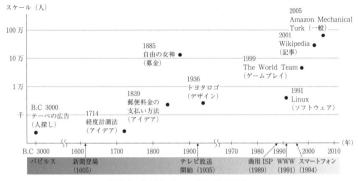

図1.4　クラウドソーシングの歴史.

に関わっている．1999年，当時チェスのチャンピオンだったガルリ・カスパロフは，のべ5万人の投票などにより手を決定する相手と対戦した．2001年，Wikipediaでは，Web上での事典を不特定多数の人の貢献により実現した．アクティブな貢献者は数十万人にものぼるといわれている．2005年に登場したAmazon Mechanical Turkでは，特定の仕事の種類でなく，Web上での少額の仕事委託の汎用市場を実現した．

　以上のように，クラウドソーシングの歴史は，仕事の委託に利用可能なメディアと二つの点で密接につながっていることがわかる．第一に，仕事の公募情報にアクセス可能な人数と，その仕事を引き受ける人数が，メディアの発展によって格段に大きくなっていることがわかる．第二に，これは特にインターネットの出現によるものであるが，仕事を引き受ける人同士のコミュニケーションや結果の集約が容易になり，より高度な作業（ソフトウェア開発や，事典の共同編集）ができるようになっていることがわかる．さらには，コンピュータが介在することにより，全員に同一の作業を委託するのではなく，それぞれ個別の作業の委託が可能になったことがわかる．

　もう一つ，重要な点は，貢献者に対する報酬である．すべてのプロジェクトで，貢献者を参加に導く明示的・暗黙的な報酬がある．わかりやすい報奨金だけでなく，例えば，自由の女神の台座では，寄付を呼びかけた新聞に貢献者の名前が掲載された．これは現在「クラウドファンディング」と呼ばれている仕組みと本質的に全く同じである．Wikipedia では，自分が詳しい項目を Wikipedia に掲載したい，もしくは間違いを修正したい，等といった気持ちが動機になっているだけでなく，貢献者（編集履歴からわかる）に対して，様々な感謝を示す仕組みや賞が用意されている [3].

1.1.4　クラウドソーシング市場の出現

　2005 年の Amazon Mechanical Turk をはじめとして，この 10 年間の大きな動きは，汎用の**クラウドソーシング市場**（crowdsourcing marketplace）を実現するクラウドソーシングサービスの登場である．クラウドソーシング市場とは，人が行う作業（一般に**タスク**と呼ばれる）を委託したい側と，タスクを引き受ける側（一般に**ワーカ**と呼ばれる）をつなげる Web 上の「市場」である（図 1.5）．このクラウドソーシングサービスでは，タスクを委託したい側が，仕事と支払いの条件を提示する．画面上には，現在ワーカを募集しているタスクが表示される（図 1.6(a)）．タスクを引き受ける側は，このリストの中から仕事を選択し，実際にタスクを行う．これらの一連の仕組みがすべて Web 上のサービスとして実現されていることが特徴である．

　クラウドソーシング市場を実現するクラウドソーシングサービスは，二つの意味で革新的であった．第一に，**誰もが**，金銭（もしくは相当物）を報酬として多くの人々に容易に仕事を依頼できるようになった．これまでは，大規模なクラウドソーシングを用いて人々

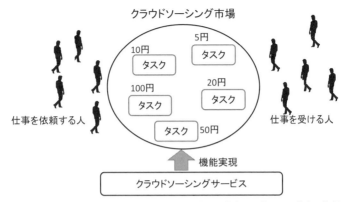

図 1.5　クラウドソーシング市場の出現により，誰でも数多くの人々への仕事の依頼が容易になった.

図 1.6　マイクロタスク型のクラウドソーシング市場を提供する Yahoo!クラウドソーシングの画面例（Yahoo!クラウドソーシングより転載）. (a) 登録されたタスクが支払い金額（ポイント）とともに提示されている. (b) 作業者はこのリストの中から引き受ける仕事を選択し，PC のブラウザやスマートフォンでタスクを行う.

の力を活用することは誰にもできることではなかったが，クラウドソーシングサービスの登場により，それが可能になったのである.

　第二に，人に仕事を頼むコストが限りなく小さくなることにより，仕事の単位を小さくできるようになったことである. 表 1.1

表 1.1　クラウドソーシング市場で扱うタスク形態の一例．いずれも小さな単位
で仕事を扱うことができる．

タスク形態	特徴
マイクロタスク型	特に短時間で作業可能なタスク．依頼者の承諾を得ずに仕事ができる．一般にタスクの指示文以外のコミュニケーションはない
プロジェクト型（マッチング型）	ソフトウェア開発のような比較的大きな案件を扱うことが多い．仕事を行うには依頼者の承諾が必要．一般にタスクの指示文以外のコミュニケーションが生じる
コンペティション型	課題に対する複数の提案から，依頼者が最も優れた提案を採択する

は，クラウドソーシング市場で扱われるタスク形態の代表例を示している．**マイクロタスク型**のタスクは，依頼者の承諾なしに作業が開始でき，かつ比較的短時間で作業が完了できるものである．図 1.6(b) は，タスクに提示される Web 上での商用サービスが，（作業者の）現在の生活に必要か否かを判定するというマイクロタスクの例である．**プロジェクト型**（もしくは**マッチング型**）のタスクは，マイクロタスクよりも一般に時間がかかる仕事を扱うことが多いが，本質的には次の 2 点が異なる．

(1) ある人がタスクを行うか否かの決定が，ワーカだけではできず依頼者の承諾が必要である
(2) 依頼者と仕事を引き受ける側にタスクの指示文以外のコミュニケーションが生じる

コンペティション型のタスクとは，一つの課題に対してたくさんの人が参加し，依頼者が最も気に入ったタスク結果を提出した人に支払いを行う．図 1.7 は，LINE スタンプや名刺のデザインを依頼したタスク結果一覧の例である．
　クラウドソーシングサービスを利用すれば，以上のような仕組み

12

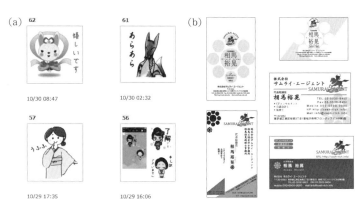

図 1.7　コンペティション型タスクで得られた結果の例．(a) LINE スタンプと (b) 名刺デザイン．コンペティション型のタスクを依頼すれば，たくさんの人々から提案を受けることができ，最も良いものを選ぶことができる（それぞれ，クラウドワークスおよびランサーズのサイトより転載）．

を通じて，誰もが，1,000 人の人々に 1,000 通りの異なる仕事を委託できるようになった．これは，計算機ネットワークの力を利用することにより初めて実現した，以前とは異なる全く新しい世界である．

1.2　クラウドソーシングの強みと注目の理由

1.2.1　人材リーチ，多様性，人海戦術

クラウドソーシングの強みは，これまでできないと思われていたことができる点にある．2020 年時点では，コンピュータによる人工知能よりも，人間の方が得意，もしくは人間にしかできないことがたくさんある．読者諸氏は，Web ページにアクセスしたとき，ゆがんだり他の模様に隠された文字が現れて，そこにある文字の入力を求められたことはないだろうか（図 1.8）？　これは，CAPTCHAと呼ばれるものであり，人間がコンピュータよりも文字の認識能力に優れているという性質を利用して，わざとゆがませた単語を表示

図 1.8　読みにくい文字の判定は人間が得意（画面は reCAPTCHA [114]）.

し，入力された文字が正解ならあなたはスパムでないと判断されるのである[4]．画像認識技術は日々向上しているものの，写真や動画に含まれているものを認識することは，一般に人間の方が得意である．また，一般常識を用いた判定，状況に応じた作業なども人間の方が得意であるし，個人の興味や信念，価値観に基づく金銭の寄付は，現在の計算機で実現することは難しいであろう．

　この「人間の方が得意，もしくは人間にしかできないことがある」という前提の上で，クラウドソーシングは次の強力なアプローチを提供する．

1. **人材リーチ**：多くの人がいれば，その中にはあなたがしてほしいことをできる人がいる．多くの人にアクセスできれば，その中には，あなたの問題を解決できる人がいる可能性がある．その中には，行方不明になった人を見たことがある人がいるかもしれないし，あなたの質問に対して回答を持っている人がいるかもしれない（Box 1）．

2. **多様性**：多くの人がいれば，多様なやり方でやってくれる．人が違えば，発想も違う．名刺のデザイン案募集では，様々な発想による名刺デザインが集まり，その中には素晴らしいものが含まれているかもしれない．

3. **人海戦術**：多くの人がいれば，分担して皆で一斉にできる．

---

[4] 2017 年ごろからは文字認識の精度が上がり，文字の判定はこの目的には向かなくなりつつある [40].

Box 1　有名人登場

広く使われている Web 上の Q & A サービスはクラウドソーシングの一つであるが，投稿されているありとあらゆる質問に対して，回答が寄せられている．2016 年には，同様に Yahoo!知恵袋において，コンピュータネットワークを勉強するために大学に行くべきかどうかを悩んでいる質問者に対して，回答者として IT 業界の大物がたくさん現れたということが話題になった．

参考 URL：https://detail.chiebukuro.yahoo.co.jp/qa/question_detail/q12158290662

　問題の種類によっては，多くの参加者がいれば，少しずつの負担で大きなことがあっという間に解決できるかもしれない．5 ヶ月間で当時の 10 万ドル以上を集めた自由の女神の台座も，募金した人の 8 割の寄付金は 1 ドル未満だったといわれている．問題を細かく分割さえできれば，これは大変強力な仕組みとなる．例えば，広い範囲の航空写真に写っている範囲から，特定の形状を持つ建物を探す問題は，航空写真を 1 万要素に細かく分割し，1 万人で一度に探せば早く発見することができるだろう（図 1.9）．

　近年クラウドソーシングが注目を集める理由は，これらの特徴に加えて，計算機ネットワークの利用により，大量の人々を集めるだけでなく，それらの人々との連絡や作業結果の高度な集約を容易に実現できるようになったからである（図 1.10）．その結果，少人数の人々や，コンピュータだけではできないことができるようになった．例えば，Wikipedia の作成等はまさにそのわかりやすい例といえるだろう．少人数では，その中にたまたま必要な作業ができるだ

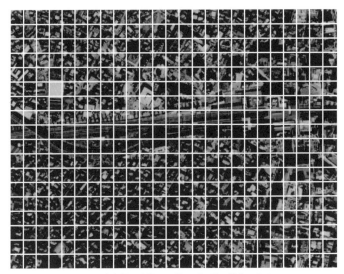

図 1.9　多人数で分担して探せば一瞬で発見できる.

図 1.10　クラウドソーシングブームの理由：不可能を可能にする.

けのスキルを持っている人がいる可能性が少なくなるし，大量の仕事を分担することも非現実的になる．一方，コンピュータを利用すれば，数値の計算やすでに方法がわかっている作業は実現可能であるが，コンピュータだけで行うことが困難な作業はたくさんある．クラウドソーシングはこれらに対する解になりうる．

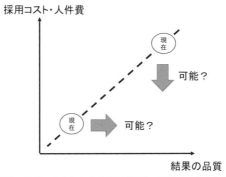

図 1.11　採用コストと人件費を下げて良い結果が得られるか？

1.2.2　労働力のロングテール革命

　人を雇用するのは大変である．人件費はもちろんのこと，各種調査によると，2010 年代において各企業では人を一人雇用するのに数十万円のコストをかけて社員を採用し，アルバイトであっても一人あたり数万円の採用コストをかけている．問題の種類によっては，低い採用コストと人件費で高品質の結果が得られるのではないか，という期待が，クラウドソーシングが注目を集める理由の一つであることは間違いないであろう．すなわち，現在ある仕事を，品質をそのままで採用コストと人件費を下げることができるのではないか，もしくは，現在クラウドソーシングで行っている仕事の品質を上げられるのではないか，ということである（図 1.11）．

　採用コストと人件費を下げると，一般には仕事結果の品質が落ちることになる（図 1.11 点線）．では，なぜ上述のような虫のいい話が可能と考えられているのであろうか？

　まず，品質を保ったまま採用コストを下げるための鍵は，採用の自動化である．これまでは，多大な人的コストをかけて行ってきた採用活動を，アルゴリズムによって下げようとするものである．

　次に，人件費と深く関連する要素は，リクルーティングのための
メディアと，仕事の単位である．採用コストが下がれば，より多く
の人々を相手にリクルーティング活動を行うことができ，大量の
人々にリーチするメディアを活用できる．また，仕事の単位につい
ては，「デザイナー募集」として採用をする場合と，「この条件を満
たすロゴを考えてください」という場合では，興味を持つ人の数が
全く異なる．人件費は市場における需要と供給で決まるため，その
仕事に興味を持つ人数が増えるほど，人件費が下がるという現象が
起きる．

　実際には，採用コストと人件費，結果の品質だけを考えればよい
のではなく，それ以外も含めた総コスト，最終結果を得るためにか
かる時間などの問題が関わってくる．これらについては3章でより
詳細に説明する．

　採用コストを圧倒的に下げ，仕事の単位を柔軟にした上で，仕事
結果の品質を担保する仕組みができれば，これまでは活用が難し
かった潜在的な労働力を活用することができる（図1.12）．そして，
そのような労働力は大量に眠っているのである．これらの活用は，
労働力確保や雇用創出の新しい手段となる．この構図は書籍の在庫
コストを圧倒的に下げることによって Amazon が引き起こした書
籍販売でのロングテール革命と同じ構図である．

1.3　何をクラウドソースするか

1.3.1　クラウドソーシング事例の分類

　何をクラウドソースするかについては，次の二つを区別すること
が重要である．

［最終目標］人を見つける，10万ドル集める，等といった最終的な

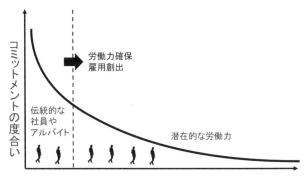

図 1.12 クラウドソーシングは，気が向いたときに少しだけ働く不特定多数の人（仕事への高いコミットメントが困難な人）という伝統的な組織では難しかった大量の労働力活用を可能にする「労働力のロングテール革命」を引き起こす．

　目標である．

[各自が何をするか] その最終目標を実現するために，各自に何を行ってもらうか．例えば 1 人あたり 1 ドルを提供してもらう等である．

10 万ドル集めるといった同じ最終目標であっても，個々に何を依頼するかは様々な方法がある．仮に 10 万ドル全額の提供を依頼したとしても，それを引き受ける人がいれば最終目標は達成するのである．しかし，それが期待できない場合には，各自に何をしてもらうかを工夫する必要がある．

　表 1.2 は，最終目標，各自が何をするか，そこで利用しているアプローチの視点から，いくつかのクラウドソーシング事例の分類を試みたものである．

● 見つける

　このカテゴリの事例としては，人探しや，チェスの次の最善の一手を見つけること等がある．クラウドソーシングの面白いとこ

表 1.2　クラウドソーシング事例の分類

カテゴリ	最終目標例	個々がやること（例）	アプローチ
見つける	人探し	知っていれば・見つけたら報告 [テーベの広告]	人材リーチ
		衛星画像の一部を見て探す [Jim Gray の捜索]	人海戦術
	タンパク質解析	パズルの解を探す [Foldit]	多様性
	Web のリンク切れ発見	見つけたら報告	人材リーチ
	市が対応する事項を発見	見つけたら報告 [Citizen Connect]	人材リーチ
	ゲームの手を決める	良いと思う手に投票 [カスパロフ VS The World Team]	多様性
		みんなで分担してゲームの先読み [145]	人海戦術
集める	事典や辞書作成	一部分を執筆 [Wikipedia]	人材リーチ，人海戦術
	質問回答データベースの構築	わかる質問に回答 [Yahoo!知恵袋]	人材リーチ，人海戦術
	お金を集める（クラウドファンディング）	一部もしくは全額を提供	人材リーチ，人海戦術
変換する	文字起こし	一部分を担当 [reCAPTCHA]	人海戦術
	機械学習用データへの正解ラベル付け	一部分を担当	人海戦術
	銀河の分類	一部を担当 [Galaxy Zoo]	人海戦術
主観評価する	商品や作品を評価し，価値あるものを選ぶ	使った商品・読んだ作品を評価 [Amazon]	人材リーチ，多様性
創造する	原稿作成・作品作成	原稿・作品を作成	人材リーチ，多様性
	良いロゴを作成	ロゴ作成	多様性
	戦車設計	設計を提出 [DARPA FANG チャレンジ]	人材リーチ，多様性
	予測モデル構築	モデルを構築・提出 [Kaggle]	人材リーチ，多様性
	ソフトウェア作成	一部分を担当 [Linux]	人材リーチ，人海戦術
サービスを受ける	宿泊する	貸してもよい部屋を提供 [Airbnb]	人材リーチ
	車で運んでもらう	空き時間に車の運転を提供 [Uber]	人材リーチ

ろは，同じ「見つける」であっても，人材リーチ，人海戦術，多
様性という様々なアプローチを使えることである．例えば，チラ
シを貼って見かけた人に連絡してもらうのは「人材リーチ」を
利用しているし，衛星写真を分割して，皆で分担して探すこと
は「人海戦術」を利用している．実際，著名な計算機科学者 Jim
Gray が 2007 年にボートで行方不明になったときには，Amazon
Mechanical Turk 等を利用してこのような作業が行われた [46]．
Foldit や，カスパロフと The World Team の戦いでは，様々な
視点からの試行錯誤や意見に基づきより良い解が見つかることを
期待しており「多様性」を利用しているといえる．

- **集める**

　この事例としては，事典の記述を集めたり（Wikipedia），Q&A
を集めたり（Yahoo!知恵袋）といった他に，お金を集めるとい
ったものもある．クラウドソーシングで金銭を集めることは，近
年は**クラウドファンディング**と呼ばれている．これは，最終目標
が一定額の金銭を集めるものであり，一般に多くの貢献者が何ら
かの見返りの代わりに一部の金額を負担する．インターネット
出現以前に比べて簡単にできるようになったため，様々な分野
でお金を集める新たな手段として注目を集めている．このよう
に，「集める」カテゴリで利用される主なアプローチは，行わな
ければいけない作業（ある質問への回答，お金の提供）等ができ
る人への「人材リーチ」と，それらを大量に集めるための「人海
戦術」である．

- **変換する**

　データの変換作業に関しては「人海戦術」が主なアプローチと
なる．reCAPTHCA[114] は CAPTCHA に便乗して，本をスキャ
ンした画像からの文字起こしをクラウドソーシングするシステ

図 1.13　Galaxy Zoo では銀河系の分類を人間が行う（galaxyzoo.org より 2017 年 12 月に取得）.

ムである（図 1.8）. その仕組みはこうだ. 一般の CAPTHCA は, 表示される単語の数が一つであるのに対し, reCAPTCHA では二つの単語の入力をしなければならない. 一つは人間か否かの判定に使うための単語であるが, 実はもう一つは, コンピュータで画像から抽出した文字の結果が疑わしい単語の画像であり, そこで入力されたテキストを, 文字起こしの結果の品質向上に利用するのである. 他の事例としては, Galaxy Zoo が有名である（図 1.13）. これは, 計算機ではかならずしもうまくいかない銀河画像の分類作業を, Web サイトを通じてクラウドソースするものである. その結果は, 宇宙の過去や未来を明らかにする研究目的で利用される.

Galaxy Zoo や前述の Foldit は, 一般市民が科学の発展に容易に貢献することを可能にする. このような市民参加による科学活動は**シチズンサイエンス**（citizen science）と呼ばれており, 今

後重要と考えられている分野である．シチズンサイエンスサイト Zooniverse には Galaxy Zoo をはじめ多くのシチズンサイエンスプロジェクトが登録されている．

- **主観評価する**

「変換する」とは異なり，このカテゴリでは個人の好みに従って物事を評価する．したがって，結果は人ごとに異なることが一般的である．例えば，Amazon における小説のレビュー等がある．何が人々に好まれ，何が好まれないかを知ることは，その本を実際に読んだ人々に聞く以外の手段で行うことは困難である．

以上の「集める」「変換する」「主観評価する」のカテゴリは，AI とのわかりやすいつながりで注目を集めている．すなわち，機械学習のボトルネックである訓練データの生成（データ収集やラベル付け）に応用できるからである．

- **創造する**

このカテゴリでは，創造物をつくることができる人材にたどり着く「人材リーチ」と，複数の視点からの検討を行う「多様性」が重要となる．**米国国防高等研究計画局（DARPA）では FANG チャレンジ**と称した取り組みの一環で，Fast, Adaptable, Next-Generation Ground Vehicle（FANG）と呼ばれる陸上車両の設計を公募し，2013 年 4 月に 3 人組チームの提案を採択し 100 万ドルの賞金を与えた．これは「人材リーチ」の活用である．また，現在 Google が運営する Kaggle コミュニティでは，企業などから提供された大量のデータに基づいた予測モデルの構築など，データサイエンスに関するコンペティションを開催している．その狙いは，予測モデルを作ることができる人々が集まり，様々な考え

方による予測モデルの優劣を競うことによって，より良いモデルを入手することである．

　さらに，このカテゴリのクラウドソーシングで，対象となる創造物をたくさんの構成要素にきれいに分けられる場合には，それらを少しずつ皆で分担する「人海戦術」が適用可能になる．例えば，Linux はそのモジュール構造によってモジュールごとに開発を行うことが可能であり，効率的な開発につながっている．

- **サービスを受ける**

　上記の「創造する」に加えて，この「サービスを受ける」は，専門家や商用サービスの確保が難しい場合の代替手段として，近年注目を集めている．例えば，Uber では，各自の車を用いた送迎サービスにより，タクシー手配が困難ないくつかの地域などにおいて重要な交通手段となっている．Airbnb は，一般の人が他の人に宿泊場所として家屋等を貸し出すためのサービスである．このようなサービスは日本では「民泊」と呼ばれ問題点も指摘されているが，ホテルも身寄りもない場所で宿泊場所を確保するための唯一の解決策となりうる．

1.3.2　クラウドソーシングとヒューマンコンピュテーション

　このように，クラウドソーシングでは，各自が自分の持つ資源（お金，車，時間など）を利用した貢献を行う．その中で重要なものに，「人手による情報処理の作業」がある．特に，「明確な指示に従い，与えられた入力から出力を求める」，例えば，「この文字は何ですか？」という明確な指示に従い，「ABC という文字列を表す画像」（入力）から，「テキストで表現された文字列 "ABC"」（出力）を求めるなどの作業は**ヒューマンコンピュテーション**と呼ばれる（Box 2）[69]．

Box 2　かつては人間だった「コンピュータ」

人間が行うコンピュテーションのことを「ヒューマンコンピュテーション」とわざわざ呼ぶのは歴史的には実は少しおかしなことである．なぜなら，かつてコンピュテーション（計算）を行うのは人間であったからである．デジタル式コンピュータが登場するまでは，機械式のコンピュータには制約が多く，複雑な計算を行うために数学科出身者などが「コンピュータ（計算する人）」と呼ばれて活躍していた．例えば，NASA ではロケットの実験や月への飛行のために，多くの人々が「コンピュータ」として働いており，また，それらの一部はその後プログラマとして活躍したという．

参 考　URL：https://www.jpl.nasa.gov/edu/news/2016/10/31/when-computers-were-human/

図 1.14 に，関連する概念との関係を示す．ヒューマンコンピュテーションは，明示的な指示によるアルゴリズムに重点を置いた概念であり，この概念の提唱者であるルイス・フォン・アンらは，Wikipedia は誰が何をすべきか，また，データ品質向上のために何

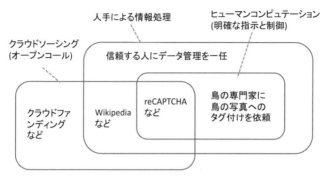

図 1.14　クラウドソーシングとヒューマンコンピュテーションの関係.

をすべきか等を明示的に各自に指示するわけではないので，ヒューマンコンピュテーションの例ではないとしている．逆に，ヒューマンコンピュテーションは，クラウドソーシングのようにオープンコールという概念とは結びついておらず，特定の人による作業でもかまわない．したがって，すべてのヒューマンコンピュテーションを伴うシステムが，クラウドソーシングを利用しているとは限らない．しかしながら，クラウドソーシングによる問題解決のために各自に何をやってもらうのかを議論する上で，ヒューマンコンピュテーションは非常に重要なコンセプトであるので，本書ではこれに関する話題についても順次取り上げていく．

1.4　人とコンピュータによる協働

1.4.1　ヒューマン・イン・ザ・ループ

　コンピュータネットワークを用いたクラウドソーシングが可能になると，コンピュータによる処理を有効に活用しようという考えが出てくるのは自然なことである．もともと，コンピュータシミュレーションの用語として**ヒューマン・イン・ザ・ループ**（Human-

コンピュータはモデルの動作を提供

人間はモデルの中での振る舞いを提供

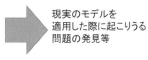

現実のモデルを
適用した際に起こりうる
問題の発見等

図 1.15 フライトシミュレータにおけるヒューマン・イン・ザ・ループ.

in-the-Loop）という用語があった．これは，シミュレーションを
コンピュータの中で完結するのではなく，その一部に人間を巻き
込むことである．例えば，フライトシミュレータはヒューマン・
イン・ザ・ループの代表的な例である（図 1.15）．ヒューマン・イ
ン・ザ・ループには，人間がそのモデルに適応するためのトレーニ
ングに加えて，そのモデルを現実に利用する際の問題を明らかにで
きる等のメリットがあることが知られている．すなわち，一種の人
とコンピュータの協働作業によって，現実のモデルを適用した際に
起こりうる問題を明らかにしているといえるだろう．このように，
人間とコンピュータを組み合わせることによって，コンピュータだ
け，人間だけでは難しい問題を解決することができるのである．

1.4.2 内容による分担

上記のような，コンピュータがモデルを動かし，人間はそのモデ
ルの中での振る舞いを提供するという役割分担に限定せず，人とコ
ンピュータによる協働はより一般化することができる．図 1.16 で
は，情報処理を Exploration（探索）と Execution（実行）の二種

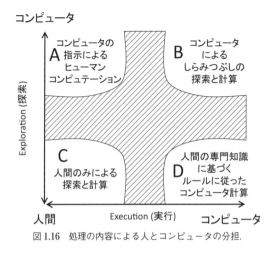

図1.16　処理の内容による人とコンピュータの分担.

類に分類し，それぞれを人間，コンピュータのどちらが分担するか
でおおざっぱに分類したものである．簡単にいうと探索とは次に何
をするかを決めることであり，実行とは実際に何かをすることで
ある．伝統的なコンピュータの処理では，プログラムの中にその両
方が書かれている (B). 一方，その対極にあるのは，コンピュータ
を伴わない人間の個人もしくはグループによる作業であり，探索
と実行のどちらも人間が行う (C). では，他の例はどうだろうか？
reCAPTCHA は，単語の切り出しをコンピュータが行い，それぞ
れの文字起こしの依頼を人間にするという点では，A の領域に位置
するといえる．D の領域に位置するものとしては，コンピュータシ
ステムの一種である**エキスパートシステム**が該当する．これは，人
間が入力した知識ルールに従って動作をするシステムである．例え
ば，1972 年に開発された初期のエキスパートシステム Mycin では，
医者の代わりにシステムが感染症を起こした細菌を識別し，それに
応じた抗生物質を推奨する．これは，専門家の判断を模したルール

をコンピュータに与え，それに従ってシステムが判断するものである．

　さらに，クラウドソーシングを伴う場合には，もう一つの軸が存在する．それは，人間が担当する部分を，特定の人やグループで行うか，もしくは不特定多数の人に対するオープンコールで行うかということである（図 1.3）．

1.4.3　得意分野による分担

　探索と実行を誰がやるかは，探索と実行の組み合わせによる 4 択から選ぶ必要はない．実際には，一部の実行（探索）は人間，一部の実行（探索）はコンピュータという場合もある（図 1.16 の斜線部分）．例えば，フライトシミュレータでは，モデルの処理はコンピュータが行い，モデルの下での振る舞いに関する処理は人間が行っている．これは，モデルの動作をシミュレーションするのはコンピュータの方が得意であり，それに対する振る舞いを返すのは，本当の人間の方が良いからである．

　また，もう一つの軸である，人間が担当する処理を特定の人々でやるか不特定多数へのオープンコールでやるかに関しても，得意か否かに応じて，一部は特定の人々が行い，一部は不特定多数に委託するという選択肢がある．

　このように，様々な作業について，コンピュータ，特定の人々による作業，不特定多数へのオープンコールの向き不向きで仕事を割り振るのは自然であるといえるだろう．例えば，これまで何度も出てきている reCAPTCHA では，コンピュータによる文字認識を試み，うまくいかなかった単語だけを人間に委託する．文字認識は多くの人にとって得意な処理なので，特定の人々による作業ではなく，不特定多数の人々に依頼するという選択をしている．

1.4.4　ヒューマン・イン・ザ・ループ AI——融合知能の実現

　クラウドソーシングとヒューマンコンピューテーションは，より高度な人工知能を実現する鍵として研究者に広く認識されている．

　機械学習のためのデータ作成のために活用されるのはもちろんのこと，人工知能実現の仕組みの中で，クラウドソーシングサービスが提供する API[5]を通じてヒューマンコンピューテーションを利用することができる．現時点の（機械しか関与しないという狭い意味での）人工知能にはできない作業を，人の力を借りて実現することから，このような仕組みは**人工人工知能**（artificial artificial intelligence）と呼ばれることもある（Box 3）[16]．このような，人と計算機の協働による高度知能の実現は，今後数十年で最も重要な研究課題の一つであろう．

　2015 年にスタンフォード大学のグループによって発表された Flock では，動画の人間が嘘をついているかどうかを判定することを，人間による処理とコンピュータによる処理の組み合わせで行おうとしている（図 1.17）[26]．コンピュータが，人間が嘘をついて

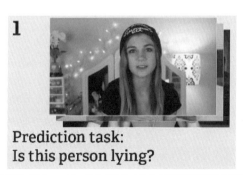

図 1.17　嘘をついているのを見抜くのは人間の方が得意？ [26]

---

[5] application programming interface の略．ソフトウェア同士がお互いに通信する方法を規定したもの．

いるかどうかを直接判定することは困難であるので，まずは人間に，嘘をついている人の特徴（目が泳いでいるか否かなど）を入力してもらい，その次に，様々な動画について，それらの特徴が当てはまるかどうかを入力してもらう．その後，コンピュータによる機械学習でこれらを含む特徴に重み付けを行い，他の動画に写っている人が嘘をついているかどうかの判定を試みる．人は結果を見て，新しい特徴を追加する，ということを繰り返す．これは，嘘をついている人の特徴を発見するのは人間の方が得意なのではないかと予想できること，逆にどの特徴を重要視するか（重み付け）の判定は人間は苦手でコンピュータによる機械学習の方が得意であることに着目して分担している．彼らはこれを**ハイブリッド学習器**（hybrid classifier）と呼んでいる．人と機械の知能を組み合わせた「融合知能」の登場である．

Box 3　いつの間にか悪事に関与している？！

CAPTCHA は人間の方が文字などのパターン認識が得意であるということを利用した仕組みであるが，それを突破するボットをつくる最も簡単な方法は，CAPTCHA の問題を自動生成してクラウドソーシングするタスクを自動生成し，他の人々に解答を入力をしてもらうことであろう．これは一種の人工人工知能である．問題は，我々がそのタスクの目的を必ずしも知らない，もしくはタスクであることすら知らないことがあることである．以前 PC があるウイルスに感染すると，ブラウザ上で文字認識タスクを行うとポルノ画像が見れるような表示が現われ，入力された結果がサーバに送信され，スパムソフトウェアが CAPTCHA を突破するための情報として収集されるということが話題となったことがあった [5].

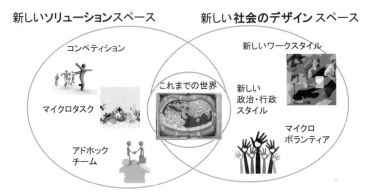

図 1.18　クラウドソーシングは新しい問題解決の手段だけではなく新しい社会をもたらす（[130] より転載）．

1.5　クラウドソーシングと社会

1.5.1　社会に与えるインパクト

　クラウドソーシングが社会に与えるインパクトは何だろうか？これは大きく分けると，「新しいソリューションスペースの出現」と「新しい社会のデザインスペースの出現」に集約することができる（図 1.18）．

新しいソリューションスペースの出現

　まず，ここでいう「ソリューションスペース」とは，問題解決を行うための方法の集まりのことである．例えば，計算問題を解くためには，人手で解く，コンピュータを使って解くなどといった方法がある．クラウドソーシングは，今手元にある問題に対して，これまで実現が容易でなかった問題解決の方法を提供する．例えば，個人がこれから始めたい何かを達成するためにお金を集めるクラウ

ファンディングといった方法は，今までは簡単には利用できない方法であった．また，これまでは情報システムを構築したり，購入したり，専任の人を雇用して人手で行うしか解決の方法がなかったような問題に対して，短時間でできる小さな単位「マイクロタスク」に分割して数多くの人にやってもらうという新しい方法が利用できるようになった．興味深いことに，コンピュータがあればできることであっても，状況によってはクラウドソーシングを使った方が，他の方法よりも早くより低コストで問題解決できる場合が数多くある．例えば，一度限りの処理などの場合には，コンピュータの処理が早いと行っても，動かすためのソフトウェア構築などの初期費用が大きい場合には，多人数で分担して人手で処理した方が早い場合もあるだろう．ロゴのデザインなどでは，多くの人々に参加してもらうことによって，たくさんの案の中から一つを選ぶ「コンペティション」というアプローチも利用可能になった．また，たくさんの人々にオンラインゲームに参加してもらい，その副作用として何らかの結果をもたらす GWAP（詳細は 2.4.2 項）というアプローチも利用可能になった．これらを利用することにより，これまで解けなかった問題が解けるようになったり，より効率の良い新たな選択肢を提供することができるようになっている．

新しい社会のデザインスペースの実現

　今後，これまでは実現できなかった社会の仕組みが次々と実現できるようになる．それは，仕事のオープン化，人材の流動化，より小さい仕事単位の出現，労働の場所の自由度の増大など多岐にわたる．例えば，インターネットが普及した今，地方在住の個人がオンラインの仕事で生計を立てることができるような仕事も徐々に増えつつある．また，シェアリングエコノミー，ギグエコノミーなどの

言葉で表される新たな働き方が注目を集めている．つまり，我々が
どのような社会を作っていくか，その選択肢が広がっているのであ
る．本書ではその選択肢の集まりを**社会のデザインスペース**と呼ん
でいる．新しい社会のデザインスペースの実現には，法律などの技
術以外の要因もあるが，クラウドソーシング関連の技術は重要な要
素の一つだろう．クラウドソーシングでうまく仕事を発注する過程
は，作業内容の明確化を行うことに他ならない．作業に関する知識
を形式知として扱う技術の発展は，それぞれの人にあった仕事の形
を柔軟に作り出すような仕組みや，流動性の高い組織や社会を実現
する鍵の一つである．これまでは困難であった次のようなことが可
能になりつつある．

- **マイクロボランティア**：仕事の割当て単位を小さくできることか
  ら，ネット上でボランティアをする**マイクロボランティア**が容易
  にできる環境も整ってきており，これまでのボランティアとは違
  う形のボランティア活動が可能になりつつある．これらの新しい
  力は社会の様々な分野で活用されていくだけでなく，新たな生き
  がいの創出にもつながることになる．
- **政策決定や行政への住民参加**：住民参加による政策決定や行政の
  実現も容易になってくる．これまでの行政と市民の役割分担が変
  化し，ただ効率が上がるだけではなく，参加意識の向上など，市
  政に対する市民の意識の変化をもたらす可能性がある．
- **個々の労働者に最適化された労働形態**：近い将来，副業を持つこ
  とはより一般的になると考えられるが，基本的に仕事は雇用側の
  効率性を一番に考えて作られているものである．仕事を個々の労
  働者に最適化することは技術的に困難であった．作業に関する知
  識を形式知として扱い，計算機ネットワークに扱わせることによ

り，将来は，個々の労働者の視点から最適化された労働形態を自動的に作り出す仕組みを実現することも不可能ではない．

- **雇用創出と労働の観点におけるソーシャルインクルージョンの促進**：労働形態が柔軟になることにより，自分にあった仕事を自分にあった働き方で行うことが容易になる．採用コストの低減とあいまって，これまでは労働市場に適切に組み込まれなかった人に労働の機会を与えることが可能になるだろう（図 1.12）．例えば，これまでは技術的な制約により，健常者でない人は社会にとって助けなければならない人々であり，健常者は彼らを助ける側の人々として役割が固定されがちであった．仕事を個人にあわせて変化させることにより，様々な能力を持つ人々が社会から排除されず（ソーシャルインクルージョン），お互いに助けあう社会を実現することがより容易になるであろう．実際にクラウドソーシング技術を利用してそのような社会の実現を目指す研究プロジェクトも存在する[6]．

より良い分業に向けて

英国のジャーナリストであるマット・リドレーは，分業こそが人類の繁栄の根源と述べている [98]．計算機ネットワークを介した仕事の動的な割当ては，より良い分業により人類にさらなる豊かさをもたらす鍵である．また，計算機ネットワークを通じた分業は，人間だけでなく，AI との分業も可能にする．クラウドソーシングサービスによっては，人間の代わりに AI がワーカとして参加する仕組みを提供しているものもある [138]．

さらに，クラウドソーシングが引き起こす労働力のロングテール革命は「労働力確保を実現する新しい手段」としても注目に値する

---

[6] https://crowd4u.org/projects/iseee

ものである（図 1.12）．我が国では労働力人口減による人材不足時代に突入しつつあるが，難易度や割当て単位が異なる様々な仕事を，Web を通じて，地方，高齢者，主婦，海外等に委託する仕組みは，この時代における人材確保の重要な手段となりうると考えられる．

1.5.2　新たに生じる課題

このような社会へのインパクトに対応するためには，様々な考慮すべき課題がある．

- **仕事単価の低下**：まず，仕事のオープン化は，受注側にとっては競争の激化を意味するため，一般に仕事単価の低下をもたらす．これは，発注側には利点であるが，受注側には避けたいことである．ただし，これまで不当に安く労働していた人々にとっては，より良い報酬で働くチャンスをもたらす．市場を適切に管理し，公平で透明性のある仕事の流通の実現が重要な課題である．

- **働き方と雇用環境**：クラウドソース可能な業務が増えると，業務を行うために必要な正規社員の数は減少するだろう．このような状況では，社会の安定のためには，現在の正規社員をピラミッドの頂点とする雇用体系とは異なる考え方の体系をデザインする必要が出てくる．また，地域格差，性差別，年齢差別などが縮小する一方で，雇用の保障が難しくなるため，安定した生活の保障の仕組みが大事になる．社会のセーフティネット作り，法律の整備や，各種保障等の制度の整備が必要となるだろう．労働法学者では，クラウドソーシングワーカを代表とするいわゆるプラットフォームエコノミーで働く人々を保護するために労働者という概念を見直す必要があるとの議論も行われている [141, 144]．

- **ビジネスモデルとワーカ評価手法の変化**：様々なリソースをクラウドが提供できるようになると，自分でリソースを抱えることにより運営してきた既存のビジネスモデルが崩壊する可能性がある．例えば，配車サービスの Uber や民泊を実現する Airbnb は，タクシーやホテル業界のビジネスモデルの再考を促している．また，知識集約型ビジネスでもクラウドソーシング化が容易な分野では，同様の動きが起こる．また，仕事の割当て単位が小さくなるにつれて，これまでの雇用形態での組織単位でのワーカ評価では対応できなくなる．クレジットカードの信用情報のように，ワーカとしての仕事に関する評価の情報を適切に管理する独立した仕組みが重要となるであろう．

- **キャリアパスへの影響**：仕事のオープン化は，教育から就業までの流れにも変化をもたらす．クラウドソーシングで公募されている仕事のうち，あまりスキルを要求しないものから始めて，徐々にレベルを上げ，最終的には何らかの分野のプロフェッショナルとなるといったキャリアパスの提供が重要となるだろう．

1.6 クラウドソーシング設計の問題

1.6.1 4つの構成要素

　ここでは，クラウドソーシング設計とは，達成すべき目標が与えられたときに，その目標を達成する4つの構成要素を設計することである（図 1.19）．これらの構成要素の設計は一般には独立しておらず，それぞれ関連がある．

1. **タスク分割と結果集約**：一般に，達成すべきゴールが同じでも，それを達成するためには様々な方法がある．例えば，ある言語で書かれた文章を別の言語に翻訳することが達成目標で

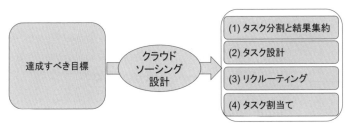

図 1.19　クラウドソーシング設計の問題.

あるとき，すべての文を最初から最後まで翻訳するという問題のまま扱うのか，1 文ごとに翻訳するという問題の集まりと考えるのか，それとも，章ごとに翻訳するという問題の集まりと考えるのか，などといった様々なタスク分割が考えられる．また，タスク分割の方法により，結果の集約方法も様々なものが考えられる．

　問題の分割方法が決定すると，それぞれの問題を解決する作業を人に依頼し，その結果を集約する必要がある．結果の集約方法は，問題の分割方法に大きく依存する．例えば，各自が 1 文ずつ翻訳するという問題に分割した場合は，それらを解決するための作業の結果をすべて順に連結するといった集約方法が必要になる．

　問題をどう分割して，個々を解くための作業内容の結果をどのように集約すれば，最終的な目的が達成できるのかは必ずしも自明ではない．特に，計算機で問題を解決するためのアルゴリズムがわかっておらず専門家しかできないと思われている難しい問題を人海戦術で解くための，タスク分割を考案することは，大変興味深いチャレンジといえる（2.2 節）．

2. **タスク設計**：ここでは，タスクを「人に作業を委託するひと

まとまり」とする．一つのタスクに，複数の作業が含まれていてもかまわない．タスク設計の際には，いくつかの検討事項がある．まず，1.3.1 項で説明した「各自が何をするか」をどのような形で依頼するかである．相手は人間なので，結果として同じ作業になることでも，伝え方によって作業結果に違いが出てくる．例えば，画像にある文字をテキストとして入力してもらうのと，候補となるテキストを表示して訂正してもらうのとでは，結果に違いが出てくる．また，タスク画面の構成（依頼文や入力箇所の配置），一度にどれだけの数の作業を行ってもらうかや，依頼する文章の書き方によってももちろん違いが出る（2.3 節）．

3. **リクルーティング**：どのように作業者を集めるかは非常に重要な要素である．リクルーティングの設計には，オープンコールを行うチャンネルとインセンティブを決める必要がある．問題を解決するために必要な人々を確保する方法は，必ずしも現在存在するクラウドソーシングサービスを利用する必要があるとは限らない．reCAPTCHA のように他のシステムに埋め込んだり，そもそも Web ブラウザ経由である必要もないかもしれない．また，金銭的支払いを行う仕事として募集するのかボランティア募集なのか，支払いがある場合にはどのような契約で仕事を引き受けてもらうか，例えば，タスクをやってくれたこと自体を評価し一定額の支払いを行うのか，結果の品質を何らかの方法で求めそれを基に作業結果を評価してそれらを支払いに結びつけるのか等を決める必要がある（2.4 節）．

4. **タスク割当て**：どのタスクをどの人にやってもらうかを決定する．それぞれのタスクにどのような人を割り当てればよいのか，様々な課題がある．タスクの性質によっては，誰でもでき

るという作業ではない場合もあるだろう．これまでの実績から，その結果が期待できない人にタスクを割り当てるのは明らかによくないと予想される．例えば，不真面目な人であるということがわかっていれば，その人にはタスクを割り当てないという選択肢もある．また，複数の人々で連携して一つのタスクを行う必要がある場合には，何らかの基準でチームとなる人々の組み合わせを選ばないといけないだろう（2.5 節）．

1.6.2　次章以降の流れ

1.2.1 項では，クラウドソーシングのアプローチとして「1. 人材リーチ」「2. 多様性」「3. 人海戦術」の３つを説明したが，それらを具体的に実現するためには，上述の４つの構成要素をきちんと設計する必要がある．2 章では，これらの構成要素についてより詳細に説明する．

3 章では，クラウドソーシングの全体設計について説明する．一つの目的を達成するクラウドソーシングは一通りではない．例えば，写真が 100 枚あって，それぞれの写真には動物が写っているとき，写真ごとに写る動物の名前が欲しいとする．これを実現するには，少なくとも次の３つの方法が考えられる．

(a) 100 枚の写真の動物の名前を入力するタスクを 1 名に委託する
(b) 1 枚の写真の動物の名前を入力するタスクを 100 名に委託する
(c) 1 枚の写真の動物の名前を入力するタスクをそれぞれ 3 名ずつ，計 300 名に委託し，写真ごとに多数決をとる

これらはどのように違うのだろうか？

クラウドソーシング設計はいくつかの異なる視点で評価できる．3 章では次の視点でクラウドソーシングの全体設計を考える．

[**コスト**] まず，時間や金銭的な点でどうすればより低コストで最終的な目標を達成できるのかという問題がある．仮に1枚の写真に関する入力を依頼するコストを10円としよう．このとき，(a) の方法では 1,000 円，(b) は 1,000 円，(c) は 3,000 円となる．したがって，(a)(b) の方法が最も安いコストで解決できるだろう．

[**時間**] 十分に人がいると仮定し，彼らが一斉にタスクを引き受けてくれると，(b) が一番早く終了すると期待できる．

[**品質**] 特にタスクを委託する場合，人間は必ず間違えるので，最終的な結果の品質をどのように管理するのかという問題がある．品質管理を考慮したクラウドソーシング設計という視点はとても重要である．(c) の方が (b) よりも品質が高いと期待できるだろう．(a) に関しては，もし引き受けてくれた人が動物のプロフェッショナルであれば，高い品質が期待できるだろう．

1.6.3 関連する学問領域

クラウドソーシングの設計における重要な課題としては，1.6.1 項で説明した4つの要素に関するものがある他，さらに，これらの要素にまたがった問題として，次のようなものがある．

[**モデル化／形式化**] クラウドソーシング設計の問題を議論するためには，そもそもクラウドソーシング設計の問題を曖昧性なく議論するための言葉がなければならない．クラウドソーシングは多くの構成要素を持つ複雑な問題であり，これを，総合的に議論するための形式的言語が必要だろう．

[**プラットフォーム／ミドルウェア**] クラウドソーシングによる問題解決を行うためのサービスを提供するプラットフォームやミドルウェアにおいて，どのような機能や API が提供されるかによって，問題解決手法の実現のための容易さは大きく影響を受ける．

[**クラウドの性質**] クラウドそのものの性質がわからなければ，適切なクラウドソーシング設計は難しいと考えられる．大規模ログ等の分析を通じてクラウドの性質を調査することは重要である [44, 53]．

　クラウドソーシングは学際的な分野であり，様々な学問領域の貢献がこれまでも行われており，これからも期待されている．まず，問題の形式化やタスク分割・結果集約設計，ミドルウェア開発等に関しては，システム・アルゴリズム分野（ソフトウェア工学やデータベース分野等）の知見がいかせる．一般には同じ問題に対して複数のクラウドソーシング設計が存在するが，与えられた条件や状況に応じて適切なワークフローを選択するといった話は，データベース分野の得意とするところである．また，タスク設計に関しては，タスクを行うのが人間であることから，認知科学やヒューマンコンピュータインタラクション，自然言語処理等が関連の深い分野である．また機械学習は以前より，機械学習の学習データの作成等にクラウドソーシングを活用してきた分野であると同時に，分類という基礎的な要素を扱うことから，タスク割当て，品質管理，コスト等の問題に対して，様々な貢献が可能な学問である．リクルーティングやタスクの報酬設定に関しては，ゲーム理論の知見が大いにいかせると考えられている．クラウドの振る舞いや性質については，社会科学のアプローチが有効であろう．

日本における状況

さて，日本語で書かれたクラウドソーシングの入門書として，日本における状況にも少し触れておこう．日本では Amazon Mechanical Turk が出現したあたりから，クラウドソーシングやヒューマンコンピュテーションに関する研究を行う研究者が増加しており，国際的にトップレベルの研究成果も出ている．このような研究者の中で，本書が対象としているようなクラウドソーシングやヒューマンコンピュテーションそのものの科学や技法に関する研究を行う研究者によって，これまでに学術的な特集記事や書籍が書かれ出版されている．これらは本書に比べていくぶん専門家向けではあるが，本書でこの分野に興味を持った読者にとって有益であるため紹介する．英語でよければ，ヒューマンコンピュテーションの概念を提唱したルイス・フォン・アンらによる書籍 [69] や，ヒューマンコンピュテーションに関係する研究者が多数関与して様々な事項を網羅したハンドブック [86] など多くの選択肢があるが，日本語ではビジネス書等は多いものの，その科学と方法に関して日本語で読める文献はそれほど多くない．本書で全体像をつかんだ後に，日本語でより詳しく個々の項目や研究成果，事例の詳細を学ぶには役立つであろう．

人工知能学会の特集 [129] では，特にメカニズムデザイン，品質管理，予測市場に関してより詳細な技法紹介のほか，応用事例として IBM によるクラウドソーシングを用いた障がい者支援，音楽鑑賞・音声情報検索サービスでのクラウドソーシング利用，東芝におけるアノテーションのためのクラウドソーシング研究事例が紹介されている．情報処理学会での特集 [131] では，オープンデータにおけるクラウドソーシングの活用，Yahoo! クラウドソーシングにおけるマイクロタスクサービス運用における課題，クラウドセンシン

グの研究動向の紹介に加えて，クラウドソーシング研究者が集まっ
て行われたパネル討論についての報告がなされている．同じく情報
処理学会によるクラウドソーシングに関する実践の特集号 [128] で
は，日本のクラウドソーシング応用プロジェクトの実践事例がいく
つか紹介されている．ライフサイエンス，創薬，名刺データ化など
の分野におけるクラウドの活用，クラウドソーシングサービスを通
じたアンケート収集，東芝での事例，また，商用クラウドソーシン
グサービスの一つである運営者側からの知見などが書かれている．
書籍 [127] は機械学習の研究者によって書かれた教科書であり，本
書の 3 章の中で説明しているワーカの品質評価やタスク結果の集約
についてより詳細に説明されているほか，クラウドソーシングを用
いたデータ解析についての説明が充実している．

　日本の学術・公益の分野でもプラットフォーム開発や多くの応用
事例が出現している．すべては網羅できないが，ここでは学会で発
表されている継続中のプロジェクトのいくつかを紹介する．マイク
ロタスク型のクラウドソーシングに関しては Crowd4U が多くの研
究者の協力の下で進められており，多くのプロジェクトで利用され
ている．京都大学を中心としたチームはデータ解析コンペティショ
ンを行うプラットフォームであるビッグデータ大学を運営している
[14]．

　具体的なクラウドソーシングの応用事例としては，千葉市による
市民協働レポートプラットフォームである「ちばレポ」[135]，国
立遺伝学研究所によるゲノムのアノテーション等への応用 [132]，
同志社大学など多くの大学による L-Crowd プロジェクトが行って
いる国立国会図書館や京都府立図書館の書誌誤同定判定 [1]，日本
デジタル・ヒューマニティーズ学会による国立国会図書館デジタ
ルコレクションの日本語翻刻プロジェクトである「翻デジ」[124]，

国内外のデータベース研究者コミュニティでの学会発表者やレビューアらによる大規模国内・国際会議のプログラム作成 [137]，名桜大学や日本卓球協会による卓球のゲーム解析 [123]，NII による量子コンピュータ関連の問題を解くオンラインゲーム meQuanics [125]，福島県双葉町教育委員会と筑波大学を中心とした双葉町デジタルアーカイブプロジェクト [4, 140]，同じく筑波大学を中心としたマンガメタデータプロジェクト [126, 142]，日本コウノトリの会と東京大学によるコウノトリ目撃情報データベースの構築プロジェクト [122]，また，富山大学を中心としたチームによる自然災害対応へのクラウドソーシング活用プロジェクト [48]，筑波技術大学を中心とした ISeee プロジェクトによる視聴覚障がい者と健常者による情報保障プロジェクト [143] などが進められている．

クラウドソーシング設計の構成要素
——0を1にする道具

　クラウドソーシングの真骨頂は，人材リーチ，人海戦術，多様性という武器を用いて，これまで実現不可能と考えられていたこと，諦めていたことを可能にすることである．本章では「人手による情報処理のクラウドソーシング」（図 1.14）を対象に，その設計の構成要素を詳細に説明する．これを対象とする理由は，人手による情報処理のクラウドソーシングが，計算機ネットワークによる高度化を最も実現しやすい領域であるためである．しかし，現在のクラウドソーシングはどんな形態であってもすべて計算機ネットワークを活用しているため，本章の内容は，他の種類の貢献を含むクラウドソーシングの設計にも活用できる部分が多々あるはずである．

　本章では，まず，クラウドソーシングを利用したシステム（クラウドソーシングシステム）の設計図である「実行計画」を説明し，続いて，1.6.1 項で説明した，クラウドソーシング設計の重要な構成要素である，タスク分割と結果集約，タスク設計，リクルーティング，タスク割当てについて順に説明する．

2.1 実行計画と実行可能性

2.1.1 実行計画

本書では，クラウドソーシングの構成要素を組み合わせて最終的な目標をどのように達成するか設計したものを，クラウドソーシングの**実行計画**（execution plan）と呼ぶ．また，実行計画の 4 つの構成要素のうち，タスク分割を議論する際に，図 2.1 に示す表記を利用する[1]．

この図では，1,000 文の翻訳という同じ目的を実現するために，二つの異なるタスク分割を示している．左のタスク分割では，1 つのタスクの中で 1,000 の文を見せ，すべての文を翻訳するという作業を行うタスクを委託し，その結果が 1,000 文の翻訳結果になることを表している．一方，右のタスク分割は，1 文を見せて翻訳するというタスクを 1,000 回行い，1 文の翻訳結果を 1,000 文出力することを表している．これらの表記では，実行計画で扱う入力データ，出力データ，中間データなどを長方形で表現する．データが複数あるときには，左肩にその数値を書く．例えば，左下の長方形は「1,000 の文」を持つデータ 1 つを表し，右下の長方形は，1 文を持つデータが 1,000 個あることを表している．また，作業は楕円で表現する．その作業を含むタスクは灰色の角丸長方形で表現する．矢印はデータの流れを表現する．

2.1.2 実行計画の実行可能性と群衆の性質

すべての実行計画は，「クラウドソースするタスクを引き受ける

---

[1] 矢印がデータの流れ（フロー）を表すため，このような図は一般にデータフロー図と呼ばれる．

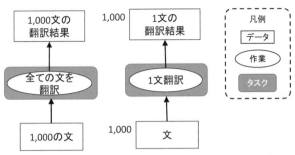

図 2.1　1,000 文を翻訳する二つの異なるタスク分割. 左は, 1,000 の文をすべて翻訳するタスクを 1 つ行うという分割. 右は, 1,000 の文を 1 文ずつ翻訳するという分割. データの左肩の数字は, そのデータの数を表す.

人が, 必要な人数だけ群衆の中に存在する」という条件が成立していることを仮定している. 群衆がその条件を満たすかどうかは, 群衆の性質（群衆中の人数, 人々の能力, タスクを引き受ける報酬）によって決まる. ある群衆と実行計画が与えられ, その群衆が条件を満たすとき, その実行計画は, 与えられた群衆の下で**実行可能**となる.

　例えば, ある実行計画において, インドネシア語 1,000 文をスワヒリ語に翻訳するというタスクを, 1 タスク 100 円の支払いでクラウドソースするとする. その場合, その実行計画は, 対象となる群衆が次の条件を満たすと仮定している.（1）そのタスクを行う能力を持つ人がそのタイミングで存在し, かつ（2）そのインセンティブ（100 円受け取る）でタスクを行う意思がある.

　仮に, 対象となる群衆が平均的な日本人 1,000 人であった場合には, この群衆は制約を満たさず, したがって実行計画は実行可能ではないと推測される. 別の実行計画の例として, 1,000 名の異なる意見を求めるために 1,000 のタスクを発行するとする. その実行計画は, それを引き受ける人が群衆に 1,000 名存在しなければ実行可

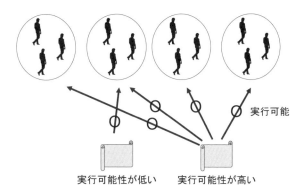

図 2.2　実行計画の実行可能性．群衆が実行計画を実行できる条件を満たすとき，実行計画はその群衆に対して実行可能である．様々な群衆に対して実行可能な実行計画は，実行可能性が高いといえる．

能ではない．

　群衆が条件を満たすか否かを事前に知るためには，能力判定などの事前タスクを行って，群衆の性質を計測する必要がある．ただし，現実にはそのようなことをせず，群衆の性質を仮定し，その仮定の下で実行可能な実行計画を利用することが一般的である．

　群衆が，容易に実行計画を実行可能とする条件を満たすと考えられるとき，その実行計画は**実行可能性が高い**と呼び，その逆のときには，**実行可能性が低い**と呼ぶことにする（図 2.2）．例えば，専門家が多数必要な実行計画は実行可能性が低く，少数の誰でもできる仕事だけを必要とする実行計画は，実行可能性が高くなるだろう．

　詳細は 3 章で説明するが，群衆の性質は，実行可能性だけでなく，三つの評価軸であるコスト，時間，品質にも影響を与える．引き受ける金額が高くなれば総コストが高くなり，引き受ける人数が少なくなるとタスクの並列性が落ち，時間がかかる．能力が十分でない人ばかりであると品質が落ちる．

2.1.3　実行可能性の高い実行計画をつくる

　クラウドソーシング設計において実行可能性の高い実行計画を作るための道具は，タスク分割，タスク設計，タスク割当て，リクルーティングである．例えば，後述するデータ視点によるタスク分割（2.2.2項）では，10万の画像へのタグ付けタスク一つを，100画像へのタグ付けタスク1,000個に分割する．これは，より高い実行可能性を持つ実行計画を作ることになる．なぜなら，様々な国の街の画像が10万あるときに，それらにタグ付けを行う1つのタスクを引き受ける人を見つけることは困難であっても，100の画像へのタグ付けを引き受ける人を見つけることは容易であるからである．

　同様に，タスク設計，タスク割当て，メディア選択も実行計画の実行可能性に影響する．各タスクの100画像を選ぶときは，ランダムに選ぶのではなく，同じ国に関するものは同じタスクにグループ化し，それぞれの国のワーカに割り当てれば，そのタスクを引き受けてくれる可能性は上がるであろう（様々な国の街のタグをすべてうまく付けられる人は希少であろう）．必要な国のワーカをカバーするために，適切なメディアを利用してリクルートすると，より適切なワーカにリーチすることが可能となる．

　一般には，希少性が高い能力を持つ人の存在を仮定する実行計画から，より緩い制約を仮定する実行計画に変換すると，変換後の実行計画は，より様々な群衆の下で実行可能となり，クラウドソーシングに利用するメディアの選択肢も広がる．すなわち，実行可能性が高まることになる．

2.2　タスク分割——何をやってもらうか

2.2.1　タスクにおける作業の分類

　タスクにおける作業は，指示が明確で理解が容易でありそれ以上

表 2.1　クラウドソーシングにおける作業の例.

分類	種類	例
指示文以外のコミュニケーション不要（データ処理）	並び替え	画像に写った木を大きい順に並べる
	計算	文章題や図形の問題を解く
	分類	動物の写真を分類する
	選択	チェスの次の手を打つ
	位置指定	写真に写る人間の位置を示す
	判定	写真の建物が壊れているかどうか
	数える	写真に写っている人間の数を入力する
	タグ付け	画像や文章にタグを付ける
	テキスト編集	単語のスペルミスを修正
指示文以外のコミュニケーション不要（データ入力）	各自の属性	身長を入力
	ヒューマンセンサー	現在の天気を入力
	知識	ある地域で人気のレストランを入力
	意見	京都観光で行くべき場所／商品のレビュー／真犯人等の仮説の提供
指示文以外のコミュニケーションを要する	文書作成	調査報告書作成，記事執筆
	作品作成	制約を満たすロゴを提出
		制約を満たす作品・仕様書などを提出
		仕様を満たすコードを提出

の作業委託側とのコミュニケーションが不要なものか，必ずしもそうではないものかに分類できる（表 2.1）．前者の例としては，写真に写った動物が猫かどうか判定したり，ワーカの身長を入力してもらうといったものがあるであろう．これらは，1.1.4 項で説明した自己完結型のマイクロタスク型クラウドソーシングとの相性が良い．

さらに，表 2.1 では指示文以外のコミュニケーションが不要な作業を，与えられたデータに対して何らかの処理を行う「データ処

理」と，タスクにないデータを入力する「データ入力」に分類している．

　タスクで指示された情報以外のコミュニケーションがしばしば必要となるものの例としては，調査報告書の作成や，プログラミングの作成といったものがあるであろう．これらの中で，イラストやロゴの作成など，複数の異なる提案から良いものを選びたい場合にはコンペティション型サービスとの相性が良い．ソフトウェア開発など，より密なコミュニケーションが必要なこともある作業は，マッチング型のクラウドソーシングサービスを用いて委託するのが一般的である．

　明示的な指示文を超えた高度なコミュニケーションを要しないデータ処理に関しては，今後の情報技術の発達により，クラウドソーシングを行う必要がないものが出てくると予想される．すでに，囲碁においては AlphaGo のような人間を圧倒する人工知能が出現している [104]．また，画像認識を伴う作業においても，内容によっては人工知能が人間と同等の結果を出せるものが徐々に増えてきている．ただし，学習データが存在せず自動生成も困難なタスクに関しては，人による処理が当面は必要である．

　一方，データ入力作業のいくつかは機械で代替するのが難しいものや，機械での代替に意味のないものがある．まず，各自の身長や性別など，それぞれの人の属性を入力する場合である．これは，医学の知見を得るためのクラウドソーシングなどで利用される可能性があるが，機械での代替には意味がない．次に，ネット上にはない知識や個人の意見の入力があるが，これも機械にはなかなか難しい．ヒューマンセンサー系の作業は，そもそも機械のセンサーが存在しない，もしくは，機械のセンサーではうまくいかないような情報の入力を依頼するものであるので，機械センサーを補間する形で

利用されるだろう.

2.2.2 データ視点と作業視点によるタスク分割

● データ視点によるタスク分割

　最終的な達成目標が, 大量データの処理である場合, 一つの選択肢はデータ視点でタスクを分割することである. 1.2.1 項で紹介したように, 航空写真から特定の建物を探す問題は, その航空写真を 1 万要素に細かく分割し, それぞれの要素の中にその建物が写っているか否かを判定する問題に分割でき, クラウドソーシングの「人海戦術」アプローチが適用できる. 同様に, 1,000 文からなる文章を英語から日本語に翻訳する問題は, 前後の文脈や品質の問題をさておけば, これも 1 文を翻訳する 1,000 の部分問題に分割できるため, それぞれを解くタスクを用意すればよい (図 2.3). 2 時間の動画にキャプションを付ける問題は, 単純計算では 120 個の「1 分の動画にキャプションを付ける」問題に分割することができる (実際は, セリフの重なりを考慮してもう少し工夫が必要である).

　「データで分割」は, データが大量のときには効果的なタスク分割方法であるが, 必ずしも大量データであれば簡単に問題を分割できるとは限らないことに注意してほしい. 問題が分割できる場合というのは, 問題を「局所化」できる場合である. すなわち, 分割したデータごとに自己完結したタスク (例えば, 1 文を翻訳というタスク) を作成できることである[2].

---

[2] 1 文を翻訳するという問題は一般には文脈を必要とするため, 1 文を翻訳するにしてもタスクの中で周辺の文も提示するといった工夫が必要であろう.

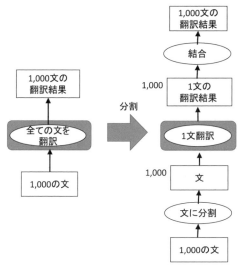

図2.3　データ視点でのタスク分割の例.

● 作業視点によるタスク分割

　作業視点でのタスク分割とは，作業を別の作業の組み合わせと考えることによるタスクの分割である．例えば，1,000文のフランス語から日本語への翻訳というタスクは，まずはフランス語から英語への翻訳を行い，次に英語から日本語への翻訳を行う，という二つの作業に分割できると考えられる．その場合，二つのタスクで問題を解決することになる（図2.4）.

　データ視点と作業視点でのタスク分割は，それぞれ，コンピュータの並列処理でいうところの**データ並列**（data parallelism）や**タスク並列**（task parallelism）をもたらし，人海戦術による並列処理を可能とする．しかし，クラウドソーシングにおいては，それ以上

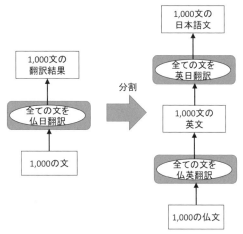

図 2.4　作業視点でのタスク分割の例.

に，これらの分割が実行可能性を増加させることに注目する必要がある．すなわち，作業量を減らしたり，作業に必要な能力を変更することによって，最終的な結果が得られる可能性を上げることができるのである．

2.2.3　既知のパターンとアルゴリズムの利用

いくつかの基本的な問題には，クラウドソーシングによる問題解決のパターンや，「ヒューマンコンピュテーションアルゴリズム」とも言うべきタスク分割が提案されている．例えば，クラウドソーシングによって文章改善を行う際のパターンとして，**Find-Fix-Verify パターン**が提案されている [20]．これは，個々のワーカに直接文章の改善を委託するのではなく，作業視点による分割によって次の３つのタスクを作成し，それぞれ異なるワーカに割り当てる．

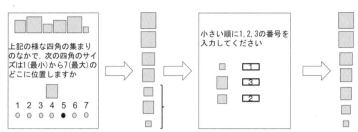

図 2.5　ソーティングアルゴリズムの例（ハイブリッドソート [81]）．(1) まず，一つのデータと全体からランダムに選択したデータを見せて，その中での相対的な位置を入力させるタスクを複数人が行う．(2) タスクで入力された値の平均でソートする．(3) ソートされた列において隣接したデータに関して入力された相対位置の分散を参考に，直接比較するタスクを作成し，その処理を人が行う．

（Find） 改善すべき箇所を発見するタスク

（Fix） その箇所に関して作業を行う複数のタスク

（Verify） 複数の作業結果の中から良いものを選ぶタスク

ソーティングなどといった汎用的な基本演算に関するアルゴリズムも提案されている．例えば，データのソーティングに関しては，(1) 通常の計算機によるアルゴリズムと同様に，対象データの**比較作業**（comparison）をワーカに依頼する方法，(2) 大雑把にグルーピングを行うための**等級分け**（rating）の作業をワーカに依頼する方法，また，(3) それらを組み合わせた**ハイブリッドソート**，などが知られている [81]．

このハイブリッドソートを説明しよう（図 2.5）．様々な図形を小さい順番に並べるというソーティングを例にとる．ハイブリッドソートでは，まず 1（最も小さい）から 7（最も大きい）等の値をすべての図形に付与した後，複数人による値の平均でソートし，これらで隣接する図形の値の分散を見て，結果にばらつきがある（分散が大きい）場合には比較作業によって，詳細なソーティングを行

う．これにより，あまりにサイズが異なるグループの比較を省略している．

　他にも様々な「ヒューマン・イン・ザ・ループ」演算に関して，アルゴリズムが提案されている．汎用的な基本演算については論文 [71] 等を参照されたい．より特定の問題に特化したタスク分割も提案されている．例えば，画像のレタッチにおいて輝度やコントラストといった複数のパラメータを選択するためにそれぞれスライダーで調整してベストのものを選択することは簡単ではないが，論文 [63] では，これを行うために，より簡単な複数のタスクを用意して，これらを順に実施するというタスク分割が可能であることを示している．分割された各タスクのそれぞれは，一つのスライダーだけを持ち，ワーカはそのスライダーを動かしてその中でベストなものを選択する[3]．

2.2.4　その他のタスク分割

　その他の分割方法としては，次のようなものがある．

1. **分割しない**：最も単純なタスク分割方法は，「分割しない」ということである．この場合，最終的な目標を達成するという問題を解くこと自体がタスクになる．クラウドソーシングによって，その問題を解決可能な人への「人材リーチ」が十分期待できる問題は，これで行うという方法が一つの選択肢となる．

2. **分割をワーカに任せる**：問題によっては，タスク分割を依頼側では行わず，ワーカに任せるという方法もある．比較的簡単

---

[3]　分割されたタスクの各スライダーが何を意味するかは，前のタスクの結果に応じて動的に決定される．このスライダーは各パラメータに一対一対応しているわけではない．

に問題が分割可能な例（Wikipedia の記事執筆等）では，各自が自分の貢献しやすい部分を担当するというアプローチが有効に機能している．また，必ずしも現時点ではうまくいっていないものの，クラウドソーシングのタスク分割を明示的にワーカに委託するという研究もこれまで行われてきている [64]．

3. **分割の組み合わせ**：タスク分割を順次適用することにより，より詳細に問題を分割することができる．また，この際，データ視点でのタスク分割と作業視点でのタスク分割，ワーカに任せた分割などを組み合わせた複合的な分割も考えられる．例えば，1,000 文からなるフランス語の文章を日本語に翻訳する問題に関して，データによる分割と作業による分割の両方を適用することが可能である．

2.3　タスク設計——どう指示するか

前節で説明したタスク分割によって，何を人に依頼するかは決定したとする．次にやるべきことは，それをどのような具体的なタスクとして人に依頼するかを決定することである．タスクの設計は一見簡単に見えて非常に難しい問題である．本節では，タスク設計において決めるべき内容（タスクの形式，タスクにおける指示文面，指示文面以外の情報，特別な選択肢と作業，複数作業を含む場合の検討事項）とそれらのポイントについて説明する．

2.3.1　タスクの形式

まず，同じ作業であっても，タスクの形式として様々な形態が考えられる．例えば，写真画像に写っている人の人数を入力するタスクの場合，数を入力するテキストフォームを用意してキーボードで入力させるのか，選択式にするのか，画像に写る人をそれぞれポイ

図 2.6　人数を数えるタスクにおける異なる入力形式．任意の文字列（左），選択肢から選ぶ（中），画面上をクリックする（右）等が考えられる．

ンタでクリックするのか，などが考えられる（図 2.6）．

　一般的には，もし入力されるデータに制約（例えば，1,2,3 のいずれかであること等）があるならば，制約を満たさない入力は許されないタスク形式が望ましい．上の例であれば，選択肢（1,2,3,4,5 に限定），もしくは，人の場所をポインタでクリック（数に限定）が望ましいということになる．そのようなインターフェースの設計が難しい場合でも，タスク画面から回答を送信する前にデータの制約を満たすかどうかをタスク画面側で判定し，ワーカにフィードバックを返すことは重要である．

　どのような形式が可能かは，タスクに依存するだけでなく，タスクを行うデバイスにも制約を受けることがある．例えば，スマートフォンでタスクを行うことを想定する場合には，小さな画面を利用し，また，文字を入力することが PC と比較して容易ではないということを考慮してタスクの形式を決定する必要があるだろう．

画像へのラベル付けタスクの例

　ある画像があったときに，その種類を表すラベルを付けるタスクを考えよう．効率を上げるためのデザイン上の様々な工夫が考えられる．例えば，Galaxy Zoo では，写真に写った銀河系の種類の判

図 2.7 「複数の例を見せて近いものを選ばせる」という Galaxy Zoo のタスクデザイン（図 1.13 の再掲）.

定を一般の人に行ってもらうために，複数の種類の銀河系のイラストを見せて，どの銀河に近いかを選んでもらうというタスクを行っている（図 2.7）．これは二つの効果がある．

1. 複数の選択肢を見せることにより判断のための情報が増え，判断が容易になる．つまり，示された選択肢のどれに一番近いかを考えるという戦略が使えるようになる．さらに，示された選択肢以外の選択肢がない，という情報は，ワーカが判断するための非常に重要な情報となる．つまり，消去法を使うことができるようになる．

2. 選択肢を文字の説明ではなく実際の画像に近いイラストを見せることにより，より選択を行いやすくなる．これは二つの意味を持つ．第一に，銀河の名前を学習する必要がなくなるということである．第二に，人間の認知の特性上，探すものにできるだけ近いものを見せることが有効であるからである．

　　例えば，画像を見つけるのに，対象を表す単語（「魚」等）を
　　指定されるよりも，できるだけ探索対象に近い画像を直接示
　　された作業の方が人間は得意なのである [22].

上記の工夫は，他の例でも応用できる．例えば，地上のある箇所の
航空写真を見せて，そこが被災しているか否かのラベル付けを行う
タスクの場合に，一見，被災しているように見える写真があったと
しよう．これだけを見ると判定が困難であっても，被災前の写真と
並べて見せると，「この写真は被災前の写真と同じである．したが
って，被災していない」「被災前はこのような状態では全くなかっ
た．したがって被災している」などといった判断が可能になる.

Box 4　サンボはグルメに関係がある

Yahoo!クラウドソーシングの運営者は，真面目に作業を行うワーカ
か否かを判定するためのチェック質問として，あるタスクを利用した
[134]. そのタスクは，Web 検索エンジンにおける検索語の入力後に表
示する広告の適切さを調査するという設定で様々な設問を用意したが，
その中で「サンボという単語で Yahoo!検索をしたユーザはグルメに
興味を持つか？」と聞いたのである．もちろん，真面目に答える人々
はすべて「興味がない」と答えることを期待したのであるが，返って
きた結果を見ると，首をかしげるような結果が混じっていた．それは
「サンボ」に興味がある人はグルメに興味があると答えた人が 16% も
いたのである．タスクの依頼者の視点では，これは格闘技のサンボで
あり，グルメに関係のないキーワードのはずであった．実は，ネット
を検索すると，「サンボ」と呼ばれる牛丼屋が存在したため，それを知
った回答者が，グルメに興味を持つはずだと判断したのである.

2.3.2　指示の文面

　タスクに掲載する指示の文面を適切に記述することは非常に難しい．たいていは，タスクの結果が返ってきてから思ったようなタスクの結果が入力されていないことに驚き，タスクに掲載した指示の文面が適切でなかったことに気づく（Box 4）．サンボの例の場合には，「一般的に，サンボという単語で検索した人はグルメに興味があるか？」とすべきであったのである．クラウドソーシングにおいては一般に，タスクを依頼する人とタスクを行う人，そしてタスクを行う人同士において，置かれている立場や経験が異なるため，同じ文面であっても解釈が異なりやすい．また，サンボの例のように，タスク依頼者の想像力には限界があり，思ってもみなかったような状況が世の中には存在することがある．したがって，次のような点に気を付けて指示の文面を作成することが重要である．

1. **曖昧性をなくす**：第一原則は，文面における曖昧性をできるだけ排除することである．複数に解釈できる文章を書かないこと，意味が人によって異なる用語（例えば，「インスタント食品」等）を利用する場合には，きちんとそれが何を指すのかを説明することである．いいたいことは，例えば「食べるために調理器具や食器を別途必要とせず，熱湯を注ぐことが指示されている飲料以外の食品」かもしれない．

2. **例を見せる**：だからといって用語をすべて丁寧に説明するのは現実的ではないことがある．意味を説明する以外で曖昧性をなくす有効な方法の一つは，答えの例を見せることである．例えば，「好きな飲み物を具体的に教えてください」といった質問のときに，答えの例として「マクドナルドのシェイクストロベリー味」「スターバックスのラテアイス」などと書いてあれ

ば,「温かい飲み物」「甘いドリンク」等の回答が返ってくる可能性は大幅に減るであろう.

3. **目的を説明する**:用語を丁寧に説明する以外に曖昧性を除去するもう一つの方法として,目的を説明するというのがある.例えば,「興味があると判定された単語は,グルメ特集ページの検索用キーワードとして利用します」と書いてあれば,「サンボ」という単語が選ばれる可能性は下がるであろう.

4. **簡潔にする**:とはいうものの,長い文章はそれだけで読む気を失わせ,ちゃんと読まれない可能性がある.以上のようなテクニックを応用して,できるだけ簡潔に,かつ意図が伝わるように文面を工夫する必要がある.

以上の他に,必ずしも常に可能とは限らないが,「タスクを行うために必要な知識を減らす」ことができる場合もある.例えば,「Apple 社の機器を選んでください」という指示文は,「リンゴマークが書かれている機器を選んでください」と書くことにより,「Apple 社の製品はリンゴのマークが書かれている」という知識を不要にすることができ,「Apple 社のロゴはリンゴマーク」という知識抜きで作業をすることができる.これは,参加可能なワーカを増やすことと品質向上のどちらにもつながる.タスクを行うために必要な知識を減らすには,例が有効な場合もある.Galaxy Zoo では例を見せることにより,銀河の種類名を知らない人による銀河の分類作業を可能にしている(図 2.7).

注意:タスクの文面を読むのは人間! タスクの文面は人が読むということを忘れてはいけない.したがって,曖昧性をなくす以外の配慮も必要である.例えば,クラウドソーシングの利用目的によっては,依頼者によって練られた文面を掲載するのではなく,アルゴ

リズムで自動生成された文面などを一部利用する場合がある．そのような文面は，必ずしも日本語としてこなれていなかったり，しばしば文法的に間違っているといったこともありうる．これをそのまま掲載すると，ワーカから苦情が来ることがある．したがって，注記などで「この文面は，機械で自動生成しているため，必ずしも日本語として正しくなかったり，意味が通らない場合もあります．その場合も，できる範囲で答えていただければ結構です．」などの説明を加えることが望ましい．

2.3.3 指示の文面と選択肢以外の情報

タスクに表示する情報は，指示の文面と選択肢だけとは限らない．タスクに何を提示するかによってワーカの作業に大きな影響を与えることがある．次のような情報を追加することができる．

- **関連情報へのリンク**：例えば，特定の大学スポーツに関する情報を入力するようなタスクであって，ワーカに Web 検索エンジンなどで情報を調査し，回答することを期待するような場合には，あらかじめ Web 検索エンジンの検索結果ページへのリンクをタスク中に掲載することが考えられる．これにより，ワーカの作業効率が上がることが期待される．

- **他の人の回答**：同じタスクを複数の人が重複して行うような場合には，他の人がどのような入力をしたかを見せることも可能である．これは，タスクの種類によって異なる影響を及ぼす．例えば，多様性のある回答が必要なタスクの場合には，過去に頻出した回答を見せ，その入力を禁止することができる [113]．また，正解を求めるタスクの場合には，参考情報として，他人の回答を見せることもできる．この場合，回答に自信のないワーカが，多

くの人が答えている回答と同じものを入力しがちであることも報告されている [39]. 一方で, インセンティブをうまくデザインすることにより, 他の人の回答を見せることが, より品質の高い回答につながるという報告もある（3.4.1 項）[62, 103].

- **自分の作業の進捗状況**：一つのタスク内で複数の作業が必要な場合には, 作業の進捗が見えるように表示すると効率が上がる場合がある. 例えば, 写真に写った人の数を数えるタスクで, マウスで人の顔をクリックすることによって入力を行うような形式の場合には, クリックされた箇所にマークを表示することにより, 同じ人を二度数えるといった間違いが起こりにくくなる.

2.3.4　特別な選択肢と作業

直接的な作業内容以外にも, 特別な選択肢や作業を用意することによって, タスクの結果は影響を受ける. それには次のようなものがある.

- **「わからない」「スキップ」等の選択肢**：選択式のタスクの場合, タスク回答の選択肢「はい」「いいえ」等に加えて, 「わからない」「このタスクを行わない」等の選択肢を用意するか否かを決定する必要がある. 正解があるようなタスクの場合に, 回答に乗り気でないワーカに対しては「わからない」という選択肢を用意した方が良いかもしれない [120]. しかし, この選択肢を用意することは, ワーカに対する無駄な支払いにつながるため, 用意するか否かは慎重に検討する必要がある [34].

- **確信度の申告**：タスク結果が正しいか否か確信がないときに単に「わからない」という選択をさせるのではなく, タスクの回答欄に何らかの回答を入力させた上で, 「確信がある」「確信がない」

等の自己申告を求めるという選択肢もある．確信の有無は 2 択でなく確信の度合い（確信度）を表す数値でもかまわない．これらの値は，同じタスクを別の人にもやってもらうか否かの判断に利用したり，あるいは，最初から重複して複数の人に行ってもらったタスクの結果を統合する際の参考にすることができる．確信度を利用すれば，比較的少ない数のタスク結果を統合する場合に統合結果の品質の向上に寄与できるという結果を小山らは示している [92]．

- **確認のチェック欄**：タスクの回答欄に加えて，「私はタスクの回答を適切に入力したことを確認しました」というようなチェック欄を用意するだけで，タスクの結果の品質が向上する [36]．したがって，このようなチェック欄を用意することを検討すべきである．また，多くのワーカはきちんと指示文を読んでいないため，指示文を読んでいるかどうかを確認するテストを用意するのも効果的である．

2.3.5　複数の作業を含むタスク

　仕事の割当ての単位であるタスクの中で行う作業は，必ずしも一つとは限らない．第一のケースは，複数の設問からなるアンケートを行うタスク等，同じ人が一つのタスクで回答することに本質的に意味がある場合である．第二のケースは，タスク分割の過程で，一つのタスクに複数の作業を割り当てるという決定を行った場合である．例えば，100 組の鳥の写真のペアがあり，そこに写る鳥の種類が同じか否かを判定する必要がある際に，1 つのペアに対する作業を行う 100 のタスクを用意するのではなく，10 のペアに対する作業を行う 10 のタスクを用意すると決めた場合である．

　ここでは，一つのタスクに複数の作業がある場合の検討事項を二つ取り上げる．

- **タスク内の作業順序**：画像へのタグ付けのように，同種の設問が続くタスクの場合には，その並べ方が重要となることがある．例えば，写真の鳥がカラスであるか否かを連続して判定するタスクにおいて，並んでいる写真にカラスとそうでないものが混じっていれば，人は緊張感をもってタスクを行えるが，極端にどちらかに偏っている場合には，惰性でミスをしてしまう可能性があったり，結果の単調さに退屈になることがある．アルゴリズムなどで同一か否かをある程度推定できる場合には，その結果を利用してできるだけ結果をばらけさせるなどの工夫が必要である．また，気分転換のためのゲームなどを作業途中に挟むと，ワーカは同一種類のタスクインスタンス（2.5.2 項参照）の作業をより多く行ってくれるようになるという報告もある [30]．

- **作業の統合による効率化**：同一のタスク内で複数の作業を行う場合，その複数の作業が存在すること自体が，より効率的なタスク設計を可能とする場合がある．例えば，たくさんの中から条件を満たす組み合わせを見つける作業では，いくつかをまとめて見せた方が，すべての組み合わせに対してタスクを作り，条件を満たすか否かを聞くよりも効率が良いだろう（図 2.8）[81]．指定された条件に当てはまるものの数を数えたい場合には，個々が条件に当てはまるかを質問したりするよりも効率良くタスクを行うことができるであろう [80]．

  また，人間の認知の特性を活用したタスク設計が可能になる場合もある．例えば，人間は視覚探索において同種のものの中から例外を見つける能力に優れているため [37]，設問が「この単語は英単語か否か」であるようなタスクで，対象となる単語のほとんどが日本語で一部に英単語が混じっていることがわかっていれ

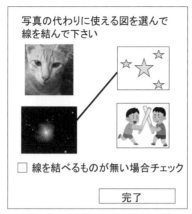

写真の代わりに使える図を選んで
線を結んで下さい

□ 線を結べるものが無い場合チェック

完了

図 2.8　たくさんの中から組み合わせを見つける作業では，個々のペアを見せてひとつずつ判定させるより，まとめて見せた方が，効率が良いだろう．

ば，単語ごとにタスクを作るのではなく，一つのタスクにまとめて多くの単語を表示し，「この中にある英単語を見つけてください」と指示する方法は効率が良いだろう．

2.3.6　タスクのデバッグ

タスクの結果が思うようにならない場合，まずは，問題を切り分けることが重要である．最初から大量のタスクを依頼するのではなく，まずは少量のタスクを依頼し，意図どおりの結果が得られない場合に，次の 3 つのいずれに起因するものなのかを判定しよう．

- **タスク設計要因**：タスク設計が適切でないためにうまくいかない．例えば，「これはインスタント食品ですか？」はインスタント食品の定義が人によって異なるため，より具体的に，「お湯が

あれば食べられるもの（飲料を除く）ですか？」とすべきかもしれない.

- **データ要因**：タスク中で参照しているデータに原因がある. 例えば，商品名を見せて，インスタント食品か否かを判定するタスクがあったときに，特定のデータに関してはメーカ型番のデータになっており，ワーカがそれが何かわからないといった状況があるかもしれない. また，タスクの質問文と特定のデータの組み合わせで生じる現象がある. 例えば，インスタント食品の判定タスクで，なぜか飲料を対象とした場合の結果だけが非常に結果が悪いということがありうる. この場合，飲料は食品ではない，と考えられることが原因かもしれない.

- **ワーカ要因**：不適切なワーカ（言語の不一致など）やスパムワーカの存在等，ワーカが原因で正しい答えが得られていない.

　これらを切り分けた後に，タスク設計要因の問題であった場合には，本節の内容に従ってタスクのデザインを見直そう. データ要因の場合，データのクリーニングや整形を行う. データとタスクの組み合わせによって生じていた場合には，タスク設計も見直す必要がある場合がある. ワーカ要因と考えられる場合には，利用するクラウドソーシングサービスの見直しや，3.2 節で説明する品質評価の方法を使って，ワーカを選別しよう.

　これらを切り分けるには，うまくいかない結果のデータをよく見て検討する必要がある. HIDDENS [7] では，データ要因，ワーカ要因，タスク設計要因の順でデバッグすることを提案している.

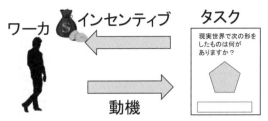

図 2.9　インセンティブと動機の関係．ワーカがタスクを行う動機を刺激するのがインセンティブである．どのような動機を与えるかが，タスクの結果に影響を及ぼすことが知られている．

2.4　リクルーティング——どう集めるか

　クラウドソーシングは不特定多数の人々へのオープンコールによって，貢献する人をリクルートする．リクルーティングは，インセンティブと利用するメディアという二つの要素から構成される．

2.4.1　インセンティブ

　インセンティブとは，ワーカがタスクを行う**動機**を引き起こすものである（図 2.9）．動機は大きく分けて**内発的動機**と**外発的動機**に分けることができる．内発的動機とは，作業そのものが行動を引き起こすものであり，外発的動機とは，作業そのもの以外の要因によって行動を引き起こすものである．勉強を例にとると，学ぶこと自体に楽しみを感じて勉強することは内発的動機，試験の点数が上がることが嬉しくて勉強をすることは外発的動機であるといえる．Amazon Mechanical Turk の多くのワーカにとって，金銭報酬という外発的動機よりも，内発的動機が重要であるという調査結果がある [58]．また，外発的動機と内発的動機が組み合わさったとき，より良いタスク結果が得られることが報告されている [99]．コンペ

ティション形式のクラウドソーシングにおける外発的動機と内発的動機の関係については論文 [74] で分析が行われている.

　クラウドソーシングでタスクを行う動機付けのためのインセンティブを考えることを**インセンティブ設計**と呼ぶ. インセンティブ設計は主に外発的動機を起こさせるためのものであるが, それがきっかけとなってタスクを行ってみると, その経験が内発的動機につながることもある. また, そのプロジェクトへの関わりを深めたり, ゲーミフィケーションによるゲーム体験の提供など, 内発的動機につながる要素を増やすようなインセンティブも考えられる.

　クラウドソーシングにおけるインセンティブは, 金銭もしくは相当物の支払いをインセンティブとするペイド (paid) 型, それ以外をインセンティブとするアンペイド (unpaid) 型に分類されることが多い (表2.2).

- **ペイド型**：ペイド型では, 金銭もしくは相当物を支払うことによりタスク作業を依頼する. ペイド型インセンティブは, タスクを依頼する際のインセンティブ設計の問題を価格設定の問題に単純化できるという意味で大変素晴らしい (再) 発明である.

- **アンペイド型**：アンペイド型では, 金銭もしくは相当物による支払いを伴わない方法でワーカの動機付けを行う. インセンティブの内容によって, 外発的動機, 内発的動機のどちらも引き起こすことができる. 例えば, タスクを行った人に, 協力者リストへの名前の掲載や, そのタスクを行うプロジェクトに意見をすることができるなどの**権利**を与えるということが考えられる. また, **情報**や**データ**を与えることが考えられる. そのタスクに関わるプロジェクトの進捗状況が入手できたり, 好きなイラストレータが書いた絵の画像データがもらえるといったことがある. さらに, 楽

表 2.2　クラウドソーシングにおけるインセンティブの例. ○は内発的動機につながりうる要素を含むもの.

大分類	小分類	例
ペイド型	金銭を払う	画像のタグ付け 1 件あたり 10 円を支払う
	金銭相当ポイントを支払う	コンペを勝ち取ったロゴを作ったワーカに 10,000 ポイントを支払う
アンペイド型	権利	プロジェクトの結果を優先利用できる
		タスクを行うプロジェクトへの意見がいえる→○
	情報・データ	好きなイラストレータの絵（のデータ）をもらえる
		そのタスクが関わるプロジェクトの進捗を教えてもらえる→○
	体験	ゲーム体験の提供（ゲーミフィケーション）→○
		同志とのコミュニケーション→○
	評判・名誉	謝辞に名前が掲載される
		仕事の品質の評価が公表される

しい**体験**を与えるということがある. 特に, 何らかの作業にゲーム要素を組み込んで, その作業自体を楽しくすることは近年**ゲーミフィケーション**として知られている. また, 同じ志を持つワーカ間のコミュニケーションの場を提供することも有効なインセンティブとなる [57].

クラウドソーシングを行う際の予算的制約がある場合には, アンペイド型のインセンティブは魅力的である. しかし, アンペイド型を成功させることは必ずしも簡単ではない. 金銭でない報酬の価値は, 一般に, 人によって全く異なるからである. 例えば, 100 タス

ク行ったワーカにはあるイラストレータが書いた画像を提供する
としよう．このインセンティブは，そのイラストレータのファンに
とってはとても魅力的である一方，そうでない人には全くインセン
ティブとして働かないということが起こりうる．したがって，アン
ペイド型のクラウドソーシングを行う際には，想定するワーカにと
って十分にインセンティブが魅力的であり，適切なメディア（2.4.4
項で説明）を利用して，そのインセンティブが効果的な人にリーチ
しなければならない．一方，比較的どのような人にも効果的なイン
センティブも存在する．例えば，貢献度ランキングや称号の提供な
どは，一般的に有効なインセンティブと考えることができる（ただ
し，ランキングの表示は初期段階では効果的であっても時間が経つ
につれて必ずしもうまくいかないことが指摘されている[49]）．

労働報酬と成果報酬

　ペイド型，アンペイド型にかかわらず，何らかを提供する形式の
インセンティブについては，その支払い方を大きく分けると，その
結果にかかわらず労働に対して提供する方法（**労働報酬**）と，タス
クの結果に応じて提供する方法（**成果報酬**）の二つがある．成果報
酬は，タスク結果の品質に関する絶対評価に基づく方法と，複数の
人にタスクを依頼して，それらの結果を比較する相対評価に基づく
方法がある．特に，複数のワーカによる成果を比較し，優れたもの
だけに報酬を支払う形式のインセンティブは，**コンペティション型**
と呼ばれる．労働報酬や成果報酬を組み合わせてより複雑なインセ
ンティブのルールを設計することも可能である．ただし，そのイン
センティブをワーカが理解しているときに初めて，そのインセンティ
ィブは設計者の意図通りに働くことに注意してほしい．

インセンティブが不要な方法

さて，タスクを依頼するにあたってインセンティブが不要な方法は存在するか？　これが存在するのである．第一の方法は，他の目的のサービスへの便乗である（英語では **piggyback** と呼ばれる [35]）．すなわち，他の目的のサービスの利用者に，気がつかないうちにタスクをやってもらうのである．最もわかりやすい例は 1 章で説明した reCAPTCHA（図 1.8）であろう．この場合，reCAPTCHA の利用者は，自分が人間である証明のためにゆがんだ文字を読み取って入力を行うが，同時に OCR がうまく判定できなかった文字を読み取る作業をすることになる．第二の方法は，タスクの作業内容を十分に簡単になるまで分割することによって，何かの「ついで」に行ってもらう方法である．例えば，廊下にタスクの画面を投影して，その上を通る歩行者についでにタスクをやってもらうといったことが考えられる（図 2.10）．筑波大学附属図書館に設置したこのシステムでは，歩行者の 30% 以上がタスクを行っているとの報告がある [52]．

2.4.2　Game With A Purpose

ゲーム体験をインセンティブとするクラウドソーシングのうち，プレイヤーによるゲーム体験の副作用として，タスク結果が生成されるものは **Game With A Purpose**（略称 GWAP）と呼ばれる．1 章で紹介した Foldit も Game With A Purpose の例である[4]．

GWAP の形態として代表的なものに，ゲーム理論でいうところの**調整ゲーム**（coordination games）の形式をとるものがある．調

---

[4]　タスクの作業を行い，その見返りとしてミニゲームができるといったものは Game With A Purpose には分類されないので注意しよう．

74

図 2.10 筑波大学附属図書館の廊下には「はい」「いいえ」で答えられる簡単なタスクが次々投影されている. 歩行者は廊下を歩くついでに, 投影された「はい」「いいえ」のボタンを踏む. このように, タスクを十分に簡単に, 小さく分割できれば, 何かのついでにタスクを行ってもらえる.

整ゲームとは, 他の人と同じ行動をとることが自分の利益に適うものである. 例えば, 仲の良い夫婦がデートで落ち合うときにどの場所に行くかは調整ゲームである. ちょっと現実的ではないが互いに連絡がつかず相手がどこに行くか不明のまま現地に向かったとしよう. 夫と妻が同じ場所に行った場合にだけ, 2 人とも「会えて楽しめる」という利益を得る. 表 2.3 は, それぞれの利益を 1 としたときに, 夫婦の行動と利益の関係を図示したものである. 実際にどちらが選ばれるかは, 相手がそれを選ぶ確率に依存する. 相手が水族館に行くという可能性が高い場合には, 自分も水族館に行く方が, 自分も利益が得られる可能性が高い. したがって, 合理的な判断の結果として, お互いが相手が行きそうな水族館に向かうのである[5].

---

[5] 夫婦がそれぞれ好きなことをした方が楽しい場合や, 別々のことをした方が楽しめる場合にはもちろん調整ゲームとはならない.

表 2.3　仲の良い夫婦による調整ゲームの構造. デートで落ち合うときに同じ場所に行けばどちらも楽しめるという利益を得る. 違う場所に行ってしまえば会えず楽しめないのでどちらも利益が得られない. この利益を 1 として, 各マスには（妻の利益, 夫の利益）を記載している.

妻 \ 夫	水族館	野球観戦
水族館	(1,1)	(0,0)
野球観戦	(0,0)	(1,1)

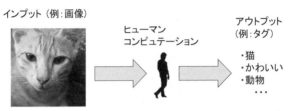

図 2.11　画像へのタグ付けをヒューマンコンピュテーションとしてモデル化すると, 入力が画像, 出力がタグであると考えられる.

Input Agreeement と Output Agreement

Input Agreement および Output Agreement は, 調整ゲームの構造を持ったゲームを利用して, データに対してタグなどのメタデータ付けを行うマイクロタスク型 GWAP[6] の手法の名前である. これらの手法ではどちらも, 図 2.11 のように, メタデータを付ける対象のデータをヒューマンコンピュテーションのインプット, 付けられたタグをアウトプットとして考え, 複数のゲームプレイヤーがそれぞれこのヒューマンコンピュテーションを行うと考える. 一方, 二つの手法が異なるところは, GWAP の構造が, アウトプッ

---

[6]　ゲームの単位が十分小さいゲームのこと. Foldit 等はマイクロタスク型の GWAP ではない.

図 2.12　GWAP の代表的なゲームである ESP ゲームにおけるあるプレイヤーの画面（画面は [112] より転載）．複数のプレイヤーで同じ画像を見て，お互いにどのようなタグを入力するか推測して入力する．同じタグが入力されると，両者とも点数が得られる．

トに関する調整ゲーム（Output Agreement）なのか，インプットに関するもの（Input Agreement）なのかという点である．

- **Output Agreement**：Output Agreement の最も有名なゲームは ESP ゲームである．ESP ゲームは，2 人のプレイヤーが同じ画像を見て，お互いにどのようなタグを入力するか推測して入力するゲームである．図 2.12 はあるプレイヤーの画面である [112]．ゲーム中，お互いにどのようなタグを入力されているかは隠される．それぞれが同じタグが入力されると，両者とも得点が得られる．画像へのタグ付けをヒューマンコンピュテーションとしてモデル化すると，入力が画像であり出力がタグであると考えられる．ESP ゲームはアウトプットをお互い隠しながらもその**合意**（agreement）を目指すという過程をゲームにしている．その過程の中で，その画像に対する多くのタグを入手するのであ

る．Output Agreement はわかりやすい構造を持っているため，
ビデオ字幕付け [55] や市場調査 [89] など，様々な応用を想定し
たゲームが提案されている．

- **Input Agreement**：一般に，調整ゲーム型の GWAP では，各プ
レイヤーは，相手プレイヤーとの何らかにおける一致を目標と
しているが，一致させることがあまりに難しいとゲーム性を損
なう．例えば，画像の場合にはそれなりにタグが一致するが，音
楽に対するタグ付けの場合は，必ずしも一致しないことが多い．
そのような場合の GWAP の構造として考えられたのが Input
Agreement である [68]．

　Input Agreement 型の GWAP の例としては，音楽に対してタ
グ付けを行う TagATune がある．図 2.13 は TagATune のある
プレイヤーの画面である．ESP と同様，TagATune は 2 人のプ
レイヤーで組みになって音楽にタグ付けを行う．しかし ESP と
は異なり，インプットである音楽はプレイヤー間で共有されな
い．共有されるのは，それぞれのプレイヤーのアウトプットであ
るタグである．各プレイヤーは，2 人が提示したタグをもとに，
彼らが同じ音楽を聴いているかどうかを回答する．この回答が一
致すると，両者に点数が得られる．TagATune では，このゲー
ムにおけるプレイヤーの行動から，各音楽に関する多くの適切な
タグを入手するのである．

マイクロタスク型の GWAP の他の構造としては，**Inversion-
Problem Game** と呼ばれるものもある．これは，2 名のプレイヤー
によって行われるという点では Input Agreement や Output Agree-
ment と同じであるが，これらと異なり，2 名のプレイヤーは対等
ではなく役割が異なる．

図 2.13 Input Agreement 型の GWAP である TagATune（画面は [68] より転載）．2
人のプレイヤーはそれぞれどの音楽を聴いているか知らないが，それぞれが付けたタ
グは 2 人で共有される．それぞれが，相手と同じ曲を聴いているか違うかを回答し，
一致すれば両者とも得点が得られる．

2.4.3 紹介型クラウドソーシング

タスクを行ってくれそうなワーカの紹介そのものをワーカに依頼
するクラウドソーシングは，**紹介型クラウドソーシング**（referral-
based crowdsourcing）と呼ばれる．2009 年に DARPA はレッドバ
ルーンチャレンジというコンペティションを開催したが，参加チー
ムの一つである MIT チームでは，この紹介型クラウドソーシング
を利用した．すなわち，赤い風船を見つけてくれそうな人を紹介す
ること自体を，クラウドソースするのである．

紹介型クラウドソーシングにおけるインセンティブ

彼らの戦略における重要な点は，紹介型クラウドソーシングに
おけるインセンティブの設計であった．1.1.1 項にも記載したとお
り，MIT チームは，赤い風船を見つけた人だけではなく，その人
にたどりつくために貢献したすべての人に金銭の支払いを行うこ

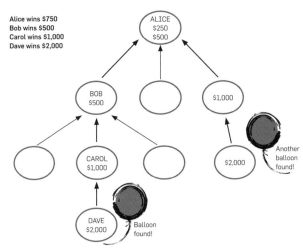

図 2.14　DARPA レッドバルーンチャレンジにおける MIT チームのインセンティブ構造（[109] より転載）．各丸がワーカを表す．Alice を起点として下に向かって，新たなワーカに依頼が送られている．風船が見つかった場合には，その風船を発見した人だけでなく，その人に依頼を行った人にも報酬の支払いが行われる．

とにしたのである（図 2.14）．この赤い風船を探しているという情報をワーカが SNS 等を通じて他の人に伝え，その情報を見た人が風船を見つけることができれば，自分も支払いを受けることができる．風船を見つけた人には 2,000 ドルが，その人を紹介した人にはその半額の 1,000 ドルが，さらにその人を紹介した人にはその半額の 500 ドルが，という風に支払いを受けることができる．このように，紹介型クラウドソーシングでは，問題を解決する可能性が高い人にタスクを依頼することが合理的な戦略となるようインセンティブを設計する必要がある．

2.4.4　メディアの選択

　1章で説明したように，クラウドソーシングにおいてワーカをリクルートするためのメディアは歴史上様々なものが利用されてきた．メディア選択にあたって重要な点は，(1) タスクを行うことができる条件を満たした人を必要な人数以上抱えること．条件を満たした人材が，必ず引き受けてくれるとは限らないため，人数は多いほど望ましい．そして，(2) 特にアンペイド型のインセンティブの場合には，その価値を高く評価する人が含まれていることである．

　現代のクラウドソーシング設計においては，どのようなメディアを利用しても，最終的には計算機ネットワークを利用することになるが，次のような選択肢があるであろう．

● 伝統的なメディアを利用

　　クラウドソーシングのリクルーティングでは，必ずしもインターネットを利用しなければならないという決まりはない．街への張り紙（犬を探すのに利用できる），企業の顧客名簿などを利用した郵便によるダイレクトメール，新聞広告，テレビでのCM等．これらは依然として，目的によってはリクルーティングに有効な選択肢である．DARPA のレッドバルーンチャレンジの参加チームによる様々な戦略では，これらの既存のメディアの利用も重要なポイントであったことが明らかになっている [109].

　　これらの伝統的なメディアの制約には，提示できる情報の量に制限があること，メディアにインタラクティブ性がないことが挙げられる．したがって，現代においては，インターネットと組み合わせて利用することが現実的である．例えば，特定の一つのタスクを大人数にやってもらうことが目的であれば，既存メディアも効果的であるが，複数種類のタスクがあるような場合には，そ

表 2.4　商用クラウドソーシングサービスの例（2019 年 1 月現在）.

タイプ	サービス名	概要
汎用型	Amazon Mechanical Turk	2005 年にサービス開始. マイクロタスク型
	Figure Eight	2009 年に CrowdFlower としてサービス開始. マイクロタスク型, 機械学習支援タスクが主. 複数の他サービスからワーカを調達
	Upwork	2003 年にサービスを開始した oDesk が前身. マッチング型
	Yahoo!クラウドソーシング	2013 年にサービス開始. マイクロタスク型
	ランサーズ	2008 年にサービス開始. マッチング型, マイクロタスク型, コンペティション型
	クラウドワークス	2012 年にサービス開始. マッチング型, コンペティション型
	TaskRabbit	2008 年にサービス開始. マッチング型オフラインタスク（清掃作業等）
特化型	Kaggle	2010 年にサービス開始. データ解析コンペティションの開催に特化
	99Designs	2008 年にサービス開始. ロゴや Web サイト, パッケージなどのデザインの委託に特化
	Kickstarter	2009 年にサービス開始. クラウドファンディングに特化
	Field Agent	2010 年にサービス開始. 市場調査や店舗調査に特化. 販売店の商品棚を撮影してアップロードするなどのタスクがある

こではタスクに関するわかりやすいメッセージだけを表示して, QR コードなどでインターネットメディアに誘導し, そこでタスクのリストを提示するなどの方法が有効と考えられる.

• 既存のクラウドソーシングサービスを利用

近年は, インターネットを通じて利用可能な様々なペイド型のクラウドソーシングサービスが出現している（表 2.4）. これらを

用意すれば容易に数多くのワーカにアプローチできる（Box 5）だけでなく，ワーカへの支払いや，いたずらやスパムを防止するための機能など，サービス側で用意されている役立つ機能を利用することができる．サービスごとに，リーチ可能なワーカが異なる（例えば，日本のクラウドソーシングサービスのワーカはほぼ日本人である）ほか，仕事を依頼するワーカとして指定できる条件や依頼できるタスクの種類等が異なるので，行いたいクラウドソーシングにあったサービスを利用することが重要となる．

また，特定の目的のために機能を特化したクラウドソーシングも数多くある．目的があう場合にはそれを利用するのが最も簡単な方法である．Kaggle, 99Designs など，特化型は，目的にあった人々がワーカとして登録しており，それらにリーチするには非常に良い方法である．

これらのサービスを利用するには，ワーカに支払う報酬に加えて，サービスプロバイダに支払う手数料も必要である．手数料はサービスごとに異なり，また同一サービスを利用する場合でも条件によって異なるが，ワーカへの支払い報酬の数十 %（2019 年 8 月時点で 20～40% 程度が多い）である．

- **計算機ネットワーク技術の利用一般**

クラウドソーシング専用のサービス以外にこだわらず，計算機ネットワーク技術を一般に利用する方法である．例えば，メーリングリストやソーシャルメディアを通じて仕事を依頼すればよいのである．マニアックな領域のタスクを行おうとしており，同じ興味を持つコミュニティに自分が属しているなら，そのメーリングリストを通じてタスクを依頼したらどうだろうか（もちろん利用規約を熟読する必要はある）．

必要とするワーカがどこにいるかわからない場合はどうすれば

Box 5　ワーカは誰？

ペイド型クラウドソーシングのワーカはどのような人であろうか？これまで様々な視点からの調査結果が発表されてきた．Amazon Mechanical Turk に関しては，2017 年 11 月時点で 10 万人以上のワーカの登録があり，常時 2 千人がタスクを行っている．1 年強で半数のワーカが入れ替わるが，新規のワーカといなくなるワーカのバランスがとれているため，全体の人数は安定している．75％ が米国人，続いて 16％ がインド人であり，年齢分布は全体的に若い [33]．一方，日本の Yahoo!クラウドソーシングに関しては，2015 年の段階においては，30〜40 代のワーカが多いことが特徴である [134]．複数のクラウドソーシング市場のワーカを利用する商用サービス（名前は伏せられているが CrowdFlower（現 Figure Eight）ではないかと推察される）で発行された 2012〜2016 年のタスクの調査では，米国，ベネズエラ，英国，インド，カナダで約 5 割を占めるものの，全体としては 148 ヶ国のワーカが存在したことが報告されている [53]．約 8 割は 100 日以内に離脱し，そのうち 5 割は 1 日で消える．これらから見ると，マイクロタスク型のクラウドソーシングプラットフォームのクラウドは，かなり流動性が高いと考えられる．

日本におけるマイクロタスク型以外も含めたクラウドワーカ全体に関する調査 [139] によると，6〜7 割程度が主たる仕事を持った上で副業としてクラウドワークを行っている．クラウドソーシングに限らないフリーランス全体に関する調査もある [6, 121]．これらによると，2018 年発表の時点において，米国では 6 割以上，日本においても 3 割以上のフリーランスが，クラウドソーシングサービスを含むオンラインで仕事を見つけている．全体として，クラウドワーカやフリーランスとして働いている主な理由は時間や場所などの柔軟性が主であり，半数以上が，収入が増えるとしても伝統的な仕事には戻らないだろうと感じている．

よいだろうか？ DARPA のレッドバルーンチャレンジの参加チームは，ネット上のソーシャルメディアを活用してタスクの依頼自体を拡散した．このように，必要とするワーカに巡り会えるのが難しい場合には，そのようなメディアを利用した紹介型クラウドソーシングも検討してみよう．他の方法として，論文 [49] では，検索エンジンのネット広告を利用してワーカをリクルートすると，特定の問題に関してはペイド型クラウドソーシングサービスを用いるよりも専門性があるワーカにたどりつく上に安価であったとの報告をしている．

汎用のクラウドソーシングサービス以外の方が問題解決が早い場合もある．もし，クラウドソーシングの目的が，現在 Wikipedia には掲載されていないような内容の知識を収集したいのであれば，Wikipedia にその項目を作ることを提案してみたらどうだろうか？

自分で一から作る方法もある．例えば，専用のリクルーティングの仕組みを構築するのである．研究レベルではこのような試みが多々行われている．例えば，数学の問題を解くと食べ物が出てくる自販機 [45] や，街の人々の意見を集めるために路上にディスプレイを設置する試み [111] などが行われている．また，先述した piggyback も検討する価値がある．つまり，主たる目的が異なるサービスを構築し，そのユーザの行動から欲しい結果を得るのである．検索エンジンのログを，他の目的に利用するというのも一種の piggyback である．

2.5　ワーカ-タスク割当て——誰にどのタスクを割り当てるか

2.5.1　プル型とプッシュ型

タスクを行ってもらうためには，そのタスクを行うワーカを決め

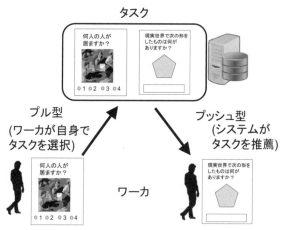

図 2.15　プル型とプッシュ型：タスクのワーカへの割当てを誰が決める？

て割り当てなければならない．それは誰がどのように決めるのであろうか？

　タスクを誰に割り当てるかを決める最も原始的，かつ効果的な方法は，ワーカ自身に自分がやるタスクを選択してもらう方法だ．これを**プル型の割当て**と呼ぶ（図 2.15 左）．プル型では，ワーカにタスクの選択の権限を与え，ワーカは引き受けるタスクを主体的に決定する．例えば，Wikipedia はマイクロタスク型ではないが，ワーカが自分が担当する作業を自分で決めているという意味では，プル型のタスク割当てを採用しているといえる．プル型の利点の一つは，タスクのワーカへの割当て作業自体に（ワーカ自身による）ヒューマンコンピュテーションを利用することができ，システム側で，どのワーカがどのタスクに適しているかを考える必要がないことである．例えば，Wikipedia 等の編集を行うワーカは，自分がその作業を行う条件を満たしていると少なくとも本人は思って行って

いる.

　一方，**プッシュ型の割当て**（図 2.15 右）では，システムが，ワー
カに適しているタスクを決めて推薦する．例えば，システムが E
メールでタスクの依頼を送るのは，プッシュ型のタスク割当てとい
える．この場合，システム側で何らかのタスク割当てを決定する仕
組みを用意する必要がある.

　この分類は単純化したものであり，多くのクラウドソーシングで
は，実際にはこれらを組み合わせたハイブリッドな方法で，タスク
のワーカへの割当てが行われる．詳細は次項より説明する.

2.5.2　タスクインスタンスとタスククラス

　タスクのワーカへの割当てで現在利用されている様々な手法を理
解するためには，タスクインスタンスとタスククラスについて理解
する必要があるのでここで説明しよう（図 2.16）.

- **タスクインスタンス**：クラウドソースする個々のタスク．ここで
  は，$t_1, t_2, \ldots$ と表記する．単にタスクと呼ぶこともある.
- **タスククラス**：同種のタスク（インスタンス）からなるグルー
  プ．ここでは，$C_1, C_2, \ldots$ と表記する.

　同一のタスククラスに属するタスクインスタンスは，タスククラ
スのテンプレート部分が共通しており，そこから参照されるデータ
が異なるものとなる．例えば，質問文や回答の選択肢はテンプレー
トとして共通しているが，質問文から参照される図が異なるといっ
た風になる．すなわち，タスククラスは，同一種類のタスクのテン
プレート（画面構成や質問文）を提供するものと考えることができる.

　本書では，タスククラス C_1 のタスクインスタンスが t_1, t_2 である
とき，$\mathrm{Tasks}(C_1) = \{t_1, t_2\}$ と表記する.

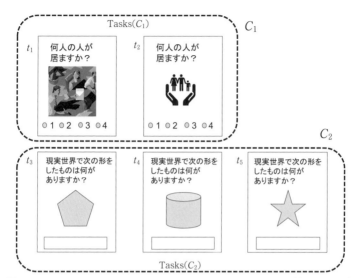

図 2.16　5 つのタスクインスタンス $t_1, \ldots, t_5$ と 2 つのタスククラスの例 C_1 と C_2. 各タスククラスはタスクのテンプレートを提供する. 同じタスククラスに所属するタスク（点線内）は, 同じテンプレートを共有するが, タスク内から参照するデータが異なる.

2.5.3　ワーカ–タスク割当てモデル

タスクの集合を $T = \{t_1, t_2, \ldots, t_m\}$, ワーカの集合を $W = \{w_1, w_2, \ldots, w_n\}$ とする. このとき, タスク–ワーカ割当てとは, 各タスク t_i とタスクを行うワーカ w_j のペア (t_i, w_j) を決定することである（図 2.17）.

どんなタスクを誰に割り当てても同じ結果が得られるのであれば, どんな割当てでもよいはずである. しかし, 一般にはそうではなく, より良い割当てというものがある. 例えば, 日本語能力が必要なタスクは, 日本語がわかる人に割り当てることが望ましいであろう. このように, 一般的には, タスクとワーカの割当てには, 望ましいものと望ましくないものがある.

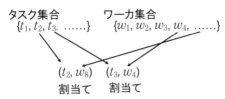

図 2.17 t_i はタスク（インスタンス）, w_j はワーカを表す. タスクの集合とワーカの集合からそれぞれ一つを選んでつくった組が「割当て」である.

	Tasks(C_1)		Tasks(C_2)			Tasks(C_3)
	t_1	t_2	t_3	t_4	t_5	t_6
w_1	1	1	1	0.3	0.6	1
w_2	0.3	0.6	0.1	1	1	1
w_3	0.5	0.3	1	1	0	0.2
w_4	0.2	0.5	1	1	0.6	0.7
w_5	0.2	0.5	1	1	0.6	0.8

図 2.18 割当て候補行列. Tasks(C_j) はタスククラス C_j に所属するタスクインスタンスの集合である. 各マスの値は, その割当ての適切さを表す 0 以上 1 以下の値である. 値が高いほど, その割当てが適切であることを表す. 割当て候補行列は, 必ずしも明示的に保持されているとは限らず, 都度計算されたり, 計算されない場合もある.

割当て候補行列

　この状況を単純化して示したのが図 2.18 の**割当て候補行列**である[7]. 横にはタスクを並べ, 縦にワーカを並べている. それぞれの交点のマスには, その割当てを行った場合にそれがどれぐらい適切であるかを表す 0 以上 1 以下の範囲の値が書かれている. 適切なタスク割当てか否かは, その値の高さ（高い方がより適切）で表現さ

---

[7] この割当て候補行列では, その割当てが他の割当てより望ましいかどうかが全順序関係で表現されているが, 一般的には半順序となるであろう.

(a)

	Tasks(C_1)		Tasks(C_2)			Tasks(C_3)
	t_1	t_2	t_3	t_4	t_5	t_6
w_1	1	1	1	0.3	0.6	1
w_2	0.3	0.6	0.1	1	1	1
w_3	0.5	0.3	1	1	0	0.2
w_4	0.2	0.5	1	1	0.6	0.7
w_5	0.2	0.5	1	1	0.6	0.8

(b)

	Tasks(C_1)		Tasks(C_2)			Tasks(C_3)
	t_1	t_2	t_3	t_4	t_5	t_6
w_1	1	1	1	0.3	0.6	1
w_2	0.3	0.6	0.1	1	1	1
w_3	0.5	0.3	1	1	0	0.2
w_4	0.2	0.5	1	1	0.6	0.7
w_5	0.2	0.5	1	1	0.6	0.8

⇒

	Tasks(C_1)		Tasks(C_2)			Tasks(C_3)
	t_1	t_2	t_3	t_4	t_5	t_6
w_1	1	1	1	0.3	0.6	1
w_2	0.3	0.6	0.1	1	1	1
w_3	0.5	0.3	1	1	0	0.2
w_4	0.2	0.5	1	1	0.6	0.7
w_5	0.2	0.5	1	1	0.6	0.8

(c)

	Tasks(C_1)		Tasks(C_2)			Tasks(C_3)
	t_1	t_2	t_3	t_4	t_5	t_6
w_1	1	1	1	0.3	0.6	1
w_2	0.3	0.6	0.1	1	1	1
w_3	0.5	0.3	1	1	0	0.2
w_4	0.2	0.5	1	1	0.6	0.7
w_5	0.2	0.5	1	1	0.6	0.8

⇒

	Tasks(C_1)		Tasks(C_2)			Tasks(C_3)
	t_1	t_2	t_3	t_4	t_5	t_6
w_1	1	1	1	0.3	0.6	1
w_2	0.3	0.6	0.1	1	1	1
w_3	0.5	0.3	1	1	0	0.2
w_4	0.2	0.5	1	1	0.6	0.7
w_5	0.2	0.5	1	1	0.6	0.8

図 2.19　ワーカ w_1 へのタスク割当ての過程. (a) 直接 t_3 に w_1 を割り当てる. (b) タスククラスを割り当て，次にその中のタスクを割り当てる. (c) 複数のタスククラスを割り当て，次にその中のタスクを割り当てる.

れている．そもそも適切な割当てとは何か？という問題は重要であるが，これらについては後で議論（2.5.7 項）することとして，ここでは気にしないことにしよう．

　まずは割当て候補行列を見ながら，実際にどのような流れで最終的にタスクにワーカを割り当てるのかを見てみよう．図 2.19 は割当ての過程のいくつかを表したものである．図 2.19(a) は，直接タスク-ワーカ割当て (t_3, w_1) を決めている．一方，すぐにペアをつくらず徐々に候補を絞り込むという過程も考えられる．図 2.19(b)

では，まず w_1 にタスククラス C_1 を割り当て，次に，その中のタスク t_2 を割り当てている．(c) では，w_1 に複数のタスククラスを割り当て，次に，その中のタスク t_6 を割り当てている．

様々な割当て手法

図 2.19 に示したような割当て過程の中で，どの割当てをプッシュ型で行い，どの部分をプル型で行うかによって，様々な割当て手法が考えられる．次に，現在行われている割当て手法のいくつかを説明する．

- **直接プル，直接プッシュ割当て**：図 2.19(a) の直接割当てをプル型，およびプッシュ型で行う例としては，2.5.1 項で触れた Wikipedia の編集箇所の決定（直接プル）の他，いくつかの Q & A サービスが提供している，回答者を指定して質問を依頼することができる「回答依頼機能」（直接プッシュ）がある．

- **プル→プッシュ**：多くのクラウドソーシングサービスでサポートされているマイクロタスク型タスクで通常利用される割当て手法である（図 2.19(b)）．それらのサービスにワーカがアクセスすると，まず，タスクを表すタイトルの一覧がある．この各タイトルは，タスククラスを表すと考えることができる．次に，ワーカは興味のあるタスクのタイトルを選択する．これは，タスククラスをプルしたことになる．さらに，選択したタスクタイトルが表すタスクの作業を行うためのボタンをクリックするなどによって，プルしたタスククラスのタスクがシステムによりワーカに割り当てられる（プッシュされる）ことになる．

- **プッシュ→プル**：同じく図 2.19(b) と割当ての過程は同じであっても，上記とは逆に，最初に候補をプッシュし，その中からユーザがタスクをプルをするといった割当ても考えられる．例えば，

特定のタスククラスを推薦するメールを送り，その中から参照されている URL にアクセスすると，そのタスククラスの中のタスクの一覧があり，そこからワーカが最終的なタスクを選択する，といったことである．

- **リテイナーモデル**：実際にタスクを行ってほしいとき，ワーカを直ちに確保できるとは限らない．しかし，通訳などリアルタイムなタスク処理が必要な場合も存在する．そのような状況に対応できるモデルとして，**リテイナーモデル**が提案されている [18, 19]．図 2.19(b) の例で説明すると，リテイナーモデルでは，タスク遂行の確実性を上げるために，タスクインスタンスが存在しない段階で，タスクを行ってもよいというワーカを募集してタスククラス C_j に割り当て（プッシュもしくはプル），そのワーカを一定時間拘束する．拘束時間中に C_j のタスクインスタンスが現れた場合に，ワーカのブラウザにタスク割当ての通知を行う（プッシュ）．この仕組みにより，リアルタイム性の高いタスク処理を実現する．

- **様々な割当て単位**：以上の例では，割当ての単位は，個々のタスククラスか，そうでなければ個々のタスクインスタンスか，のいずれかであった．理論的には，複数のタスククラスなど，様々な単位での割当てを考えることが可能である（図 2.19(c)）．例えば，ワーカが行ってもよい複数のタスククラスを選択し（プル），その後システムがそれらのクラスのいずれかのタスクインスタンスを割り当てる（プッシュ）等のバリエーションが考えられる．

オンライン割当てとバッチ割当て

割当てを行うタイミングによって，ワーカ-タスク割当ては，**オンライン割当て**か，**バッチ割当て**に分類することができる．

- **オンライン割当て**：ワーカが現れた（もしくはワーカがタスクを要求した）タイミングや，新たなタスクが用意できたタイミングで割当てを行う.
- **バッチ割当て**：特定のタイミングで，現在アクセス可能なワーカおよびタスクを対象とした割当てを行う.

どちらの方式で割当てが行われるかによって，同じ割当て候補行列を持っていても，結果が異なる．例えば，図 2.18 の割当て候補行列で，適切さが 0.6 以上の場合にのみ割当てを行うとする．バッチ割当てでワーカ全員にタスクを一つ割り当てる場合には，(t_1, w_1), (t_5, w_2), (t_3, w_3), (t_4, w_4), (t_6, w_5) という割当てが考えられる（実際に確認してみよう）．一方，プル型のオンライン割当てで，w_1 だけが次々とタスクを要求するような場合は，(t_1, w_1), (t_2, w_1), (t_3, w_1), (t_6, w_1), (t_5, w_1) といった順で割当てが考えられる．一般的には，バッチ割当ての方が，割当ての選択肢が広がるため，全体としてより望ましい割当てを実現できる可能性が高くなる．

2.5.4　割当て候補行列の実装

　実際には，割当て候補行列は必ずしもこの形式で明示的に保持されているわけではなく，様々な実装方法がある.

ブラックリスト／ホワイトリストによる実装

　いくつかのクラウドソーシングサービスにおいて提供しているのが，ブラックリスト・ホワイトリストによる指定機能である．これは，タスククラスごとに，タスクインスタンスを割り当てたいワーカのリスト（もしくは割り当てたくないワーカのリスト）を，ワーカのホワイトリスト（もしくはブラックリスト）としてあらかじめ

登録し，ホワイトリストに掲載されている（もしくはブラックリストに掲載されていない）ワーカだけにタスクを公開するというものである.

　これらのサービスで提供する機能が扱えるのは，割当て候補行列中の値が 0 か 1 しかない単純なケースであり，さらにタスククラス C_j に対して，ワーカはそのクラスのすべてのタスクをやってよい (1) か，やっては駄目 (0) かのどちらかであるような場合である.式で書くと，タスククラス C_j とワーカ $w_k \in W$ が与えられたときに，すべての $t_i \in \mathrm{Tasks}(C_j)$ について (w_k, t_i) の値がすべて同じ (0 もしくは 1) 場合である.この機能の利用者は，タスククラス C_j について，次の 3 つの場合に分けて，ホワイトリストもしくはブラックリストを作る.

- $(w_k, t_i) = 1$ であるようなワーカと $(w_k, t_i) = 0$ であるようなワーカが混在する場合：前者が少ない場合にはそのワーカ w_k を並べたホワイトリストを作り，後者が少ない場合にはそのワーカを並べたブラックリストを作る.
- すべてのワーカ w_k について，$(w_k, t_i) = 1$ の場合：ホワイトリストもブラックリストも作らない.この場合，すべてのワーカがそのタスクを行ってよい.

これにより，タスククラス C_j は，割当て行列の値が 1 であるワーカにのみ存在が見え，それ以外のワーカにはタスクの存在が知らされないということになる.

必要なときに計算する

　また，あらかじめ適切さの値を計算せず，必要なときに必要な分だけ値を計算することもできるだろう.この手法は，計算の際に，

図 2.20 ワーカとタスクの属性の例（左）と，それをもとにしてタスク割当て行列を作成した例（右）. 各ワーカ（もしくはタスク）の右側で「属性名：属性の値」と表現されているものがそれぞれのワーカ（タスク）の属性である.

タスクとワーカのどちらが与えられるのかによって次の二つに分類できる.

- **タスクに基づく割当て**（task-based assignment）：与えられた特定のタスクインスタンス t_i（もしくはタスククラス C_k）に対して，割り当てることが適切と考えられるワーカの集合 $w_{i1}, \ldots, w_{in}$ を計算する手法. **ワーカ推薦**（worker recommendation）とも呼ばれる [23]. 上述のホワイトリストを自動生成する仕組みともいえるだろう.

- **ワーカに基づく割当て**（worker-based assignment）：ワーカ推薦とは逆方向の計算を行う手法. **タスク推薦**（task recommendation）とも呼ばれる [119]. ここでは，与えられた特定のワーカ w_j に対し，割り当てることが適切と考えられるタスク集合 $t_{j1} \ldots t_{jp}$ を求める.

これらのいくつかの手法に関しては [71] で説明が行われている.

2.5.5 ワーカとタスクの属性

ワーカ推薦・タスク推薦の典型的な手法は，各ワーカ w_j の性質

表 2.5　ワーカ属性・タスク属性の例．タスク属性は，本質的にはタスクインスタンスごとについている属性であるが，タスククラスごとに値が共通であるもの（例えば，タスク単価）は，タスククラスの属性として持つことがある．

(a) ワーカ属性

ワーカ属性	とりうる値
三国志の知識	0 以上 1 以下
これまでの結果の評価平均	0 以上 5 以下
利用する言語	英語，日本語など
タスクの経験	くらげタスク，鉄道タスクなど
居住国	日本，スリランカなど
年齢	0 以上 120 以下
現在位置	(緯度，経度)
活動時間	日本時間 土日午後など

(b) タスク属性

タスク属性	とりうる値
必要な能力	三国志の知識 > 0.5 など
タスク実施場所	(緯度，経度)
単価	100 円など
これまでのタスク結果における一致度	0 以上 1 以下
作業優先度	自然数(1 が最優先)など

を表す**ワーカ属性**（worker property）と，タスク t_k の性質を表す**タスク属性**（task property）を利用することである．図 2.20（左）に例を示す．ワーカ属性，タスク属性どちらも「属性名：その値」という形式で書かれている．これらは次のような様々なものが考えられる．

- **ワーカ属性**：各属性は，とりうる属性値の範囲（ドメイン）が決まっている（表 2.5(a)）．例えば，ワーカ属性として「三国志の知識」があり，その値が 0 以上 1 以下の範囲であるといった具合である．ワーカの属性としては，タスクを処理するのに必要なスキルや能力を直接表すもの以外にも，ワーカの連絡先や年齢層と

いったプロファイル情報，ワーカがタスク検索したキーワード，過去にワーカが選択したタスクの種類や，引き受けたタスクの結果，タスクを引き受けた時間帯など，様々なものが考えられる．

- **タスク属性**：一方，タスク属性にも様々なものがある（表2.5(b)）．まずは，タスクを行うワーカが満たすべき条件がある．例えば，三国志の知識を必要とするタスクである場合には，「ワーカ属性の三国志の知識の値が 0.5 以上である」といったことである．そのほかにも，タスクの実施場所（Uber の乗車場所等），タスク単価，同じタスクインスタンスを過去に他のワーカが行ったときのタスク結果の一致度（inter-worker agreement rate 等と呼ばれる），同一クラスのタスクの中での優先度（どの順番でそのインスタンスを実施したいか），等がある．

タスク-ワーカ割当て候補行列の値が，必ずしも明示的に保持されず，必要に応じて計算される場合もあるのと同様に，ワーカ属性，タスク属性ともに，明示的に保存して扱われるとは限らないことに注意してほしい．例えば，手法によっては，タスク割当てのときになって初めて，各タスクの優先度をそのときの状況に応じて計算するといったことが行われる．また，タスク属性は，本質的には各タスクインスタンスが持つものであるが，記憶領域を節約するために，タスククラスでまとめられる属性（例えばタスク単価など）は，タスククラスごとに保持することがある．

タスク属性／ワーカ属性からタスク割当て行列を計算

図 2.20（右）は，各ワーカとタスクの属性が与えられたときに，これらの属性を比較してタスク割当て行列を作成する一例を示したものである．後述するように値の計算には様々な考え方があるが，この例では，ワーカの能力とこれまでの評価，およびタスクの優先

順位を利用して計算している．具体的には，タスクが要求する能力を満たさない場合 (w_1, t_2) は，値を0にしている．また，ワーカのこれまでの評価平均を考慮して，条件を満たす t_1 に関しては，w_2 より w_1 の方を望ましいとしている．さらに，t_1 の方がタスクの優先度が高いため (w_i, t_1) が (w_i, t_2) よりも大きな値をつけている．

2.5.6　ワーカ属性の入手

ワーカ属性の入手方法には，次のような方法がある．特にワーカの能力を表す属性の求め方については3.2節で詳しく説明する．

1. **ワーカ自身に表明させる**：例えば，クラウドソーシングシステムやプラットフォーム等でアカウントを作成し，その際に，自分が利用している言語や，生年月日等を入力することが考えられる．

2. **他人に属性を入力してもらう**：LinkedIn 等の SNS では，知り合いの**スキル推薦**（skill endorsement）機能を持つものがある．これは，この人は Python プログラミングが得意等のタグを付けるものである．ワーカ同士が知り合いであったり，お互いのタスク結果を評価できる環境にあれば，このように他のワーカを通じてワーカ属性を入手する手法も利用できるであろう．

3. **入手可能な情報をもとに自動で記録する**：アクセス元の IP 等からワーカの国名を推測するといったことや，ワーカの行動のログからわかる事実（例えば，タスクに関する好み [75]）を属性として残すといったことが考えられる．

4. **テストをする**：能力を表す属性については，能力を計測するための試験を用意するという方法がある．例えば，三国志の知識を問う作業を含むタスクを実施し，その結果に応じて，ワー

カ属性の値を計測するといったものである．詳しくは3.2.1項で説明する．

2.5.7　より良い割当て

ワーカ–タスク割当て候補行列の値を計算する最も単純な方法は，ワーカがタスクの要求する（最低）条件を満たすか否かを判定し，満たす場合には1，そうでない場合には0とすることである．例えば，ワーカに日本語のネイティブであることを要求するタスクは，その条件を満たすワーカへの割当てだけを1とし，それ以外は0とすればよい．しかし，現実には，最低条件を満たす中でも，より望ましい割当てと，できれば避けたい割当てというものがある．すなわち，一律で1をつけるのではなく1と0の間の値をつける必要がある．

そのためには，割当ての相対的な優位関係を求めること，すなわち，「より良い」タスク割当てを見つけることが必要となる．ここで，「より良い」の意味は，次のような様々な視点があるだろう．

- **タスク結果コンテンツの品質**：正確な値など，高いコンテンツ品質が期待できる割当ては，第一に優先されるであろう．そのためには，これまでのワーカの履歴から，そのタスクの結果としてよりコンテンツ品質の高い結果が得られることが期待されるワーカを優先してタスクを割り当てるといった方法がある [8, 77]．高品質が期待されるワーカの人件費が高い場合には，これまで行ったタスクの多数決で結果が割れた場合にのみ割り当てるといった方法も考えられる．

- **物理的制約**：タスクを行う場所に物理的制約がある場合（配車サービス等）には，地理的要因を考えて割当ての優先順位を決める [25]．

- **タスク結果の価値**：例えば，機械学習の訓練用データを得る場合には，学習を促進するより良いデータに関するタスクやより良いワーカへの割当てを優先する [117].
- **締め切り時間**：タスク結果の締め切り時間がある場合には，締め切りが近いタスクを優先してワーカに割り当てるのは自然な考え方であるといえる.

　タスク属性の名前と一致するワーカ属性を持つワーカが常に存在するとは限らない．例えば「英語（English）」と「英語を読む能力（English reading）」は同じ属性と考えてよいのだろうか？　このような場合には，これらの属性名間の関係（例えば，英語ができる人は，英語を読むことができる）を所持する必要があるであろう．研究レベルではこのような属性間の関係を階層的な表現で所持し，タスク割当ての適切さを求める手法も提案されている [85].

ワーカ側の視点を考慮した割当て

　タスクの割当てにおいて，仕事を発注する側だけでなく，仕事を引き受ける側，すなわちワーカ側の視点を考慮することは，忘れてはならない重要な事項である [9]．タスク割当てに関する**公平性**（皆が区別されず同じ条件で仕事ができる），**透明性**（労働条件が隠されずにきちんと見える）は，ワーカから見て重要な視点であろう．論文 [21] では，これらを総合的に扱うサービスを実現するための枠組みを定式化している．論文 [43] では，発注者側の利益をできるだけ損ねないようにしながらも，労働から排除されるワーカを作ることなく，できるだけ多くの人が活発に仕事に従事できるような割当て手法を提案している．

　ワーカが気持ちよく仕事ができることも大事だろう．連続的にタスクを行う際には，気分転換を行うようなミニゲームなどを挟んだ

方がワーカがより継続してタスクを行うという結果も示されている
[30]．タスク割当てに関しても，同じタスクを連続して行う方が効
率が良かったり，一方で，単調に感じたりといったワーカ側の視点
を考える必要があるかもしれない．

2.5.8 チームで働く

これまで，タスクの割当ての際には，ワーカが他のワーカととも
に働くという視点では考えてこなかった．しかし，より一般的に
は，より複雑な状況が考えられる．例えば，複数のタスクを1人の
ワーカに割り当てたり，逆に1つのタスクを複数のワーカに割り当
てなければならない状況などがある．また，ワーカとしてAIと人
間が混在する場合もあるだろう．ここではそのような割当てが必要
な例を説明する．

ワーカ間の関係を利用した複数のワーカへの割当て

同一のタスクに複数のワーカを割り当てて多数決をとりたい場合
や，複数のワーカによる共同作業を行いたい場合など，一つもしく
は複数のタスクの組み合わせに対して，複数のワーカを割り当てる
必要がある状況がある．この場合は，個々のワーカの属性を考慮す
るだけではなく，ワーカ間の関係を考慮する必要がある．

最も単純な例としては，多数決をしたい場合に，これらのワーカ
は「お互いに異なるワーカ」である必要がある．また，複数のワー
カが共同作業を行うタスク（collaborative task と呼ばれる）の場
合には，個々のワーカの属性だけでなく，それらの間の関係を考慮
することが，より良い割当てのために有効である場合がある（図
2.21）[11, 47, 100]．

このような，明示的に割り当てられる共同作業以外にも，ワー

	A	B	C
A	0.00	0.22	0.85
B	0.22	0.00	0.15
C	0.85	0.15	0.00

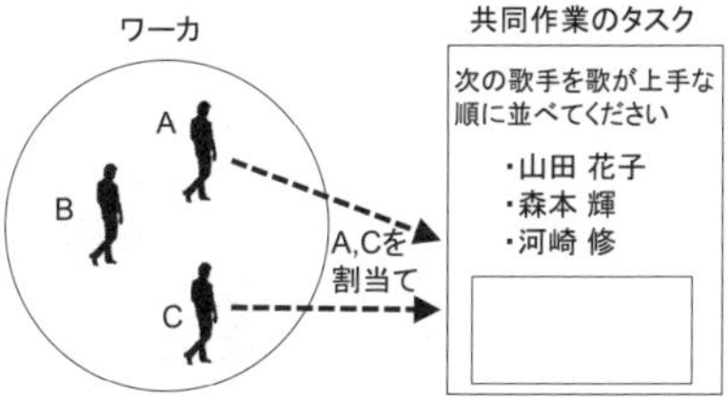

図 2.21　共同作業を行うタスクへの割当ての例．左の表（相性行列：affinity matrix[96]）は，3 人のワーカの相性（値が大きい方が相性が良い）を表している．複数のワーカをタスクに割り当てる場合には，個々のワーカの属性だけでなく，このようなワーカ間の関係を考慮することが，より良い割当てのために有効な場合がある．

カは SNS 等を通じて自発的なコラボレーションを行うことがある [41]．このような自発的なコラボレーションを有効に活用することは今後重要になると考えられる．

AI ワーカとの混在

　クラウドソーシングサービスによっては，タスクを行うのが必ずしも人間のワーカではなく，API を通じて作業を行う AI ソフトウェアであってもよいものがある [138]．仕事を依頼するワーカとして人間と AI が混在する際，人間が行うのに適したタスクの単位と，AI が行うのに適したタスクの単位が全く異なることがある．例えば，1,000 文の文章を翻訳するときに，人間のワーカであれば，1 段落や 1 文といった単位に分割し，広く浅く作業分担することは，実行可能性を向上させる等の理由で意味があるが，AI が行うのであれば，むしろ 1,000 文をそのまま翻訳 AI が担当した方が結果の品質が向上する等の利点がより勝るといったことが考えられる．このように，ワーカの性質（この場合は人間か AI か）によって，タスクの割当て単位を変更することは，興味深い問題である．いくつかの研究では，同じタスクを割り当てる際にも，人間に割り当てる際には，突然の変更が引き起こすストレスへの配慮等，機械と異な

る注意が必要であるとの結果も示されている [65, 88]. このように，AI と人間の組み合わせのチームをどのようにうまく作るかは，ますます重要なテーマになってくるだろう (Box 6).

Box 6 　同僚としての AI

我々はすでにたくさんの AI とともに働いている．データの分析ツールを使っているとき，それは自分の部下もしくは同僚と考えてよいだろう．クラウドソーシングのワーカとしてタスクを行っているとき，そのタスクはときに AI が自動的に生成しているものである．これは発注者が AI であるといえる．Uber の運転手として働いているとき，あなたが行われる評価は，お客からのフィードバックを AI が統合した結果なのである．ある意味，上司が AI といえるかもしれない．

これまでしばしば，特定の状況においては，AI だけ，人間だけよりも，AI と人間の混合チームが最も素晴らしいパフォーマンスを指すことが示されてきた [27]．では，同僚の AI に必要な資質は何であろうか？ある研究では，AI の結果を見ながら人間が仕事をする際に人と AI のチームが成果を上げるためには，AI の振る舞いの「一貫性」が重要という結果が出ている．すなわち，AI の仕事の結果に一貫性がなければ，いくら AI の能力が以前より上がってもチーム全体のパフォーマンスは下がってしまうのである [15]．また，同僚 AI の仕事を見ながら皆が仕事を学んでいくとしよう．あまり完璧なお手本を見せるのではなく，完璧ではなくても理解しやすいお手本を示す方が人間の部下は伸びるかもしれないことを示す結果も発表されている [83]．一緒に働く相手に必要な資質は，人間であろうと AI であろうと実はあまり変わらないのかもしれない．

クラウドソーシングの全体設計
——安く，早く，高品質に

3.1 実行計画の全体構造と評価

　同じ目的を成し遂げるための実行計画は必ずしも一通りではない．では，これまでに説明してきた，タスクの分割と結果の集約，タスク設計，リクルーティング，タスク割当て，という道具を使って，より良い実行計画を作成するにはどうすればよいのであろうか？　本章では，特に注目されることが多い，コスト，品質，時間を中心に考えてみよう．本章でいう「品質」は，2.5.7 項における「タスク結果コンテンツの品質」のことを指す．

3.1.1　コスト，品質，時間

　1.2.2 項で述べたように，クラウドソーシングが注目を集める理由の一つは，採用コストと人件費を抑えながら，高品質の結果を得る可能性があることである．しかし問題はそれほど単純ではない．第一に，実際には，コストは採用コストと人件費だけではなく，他

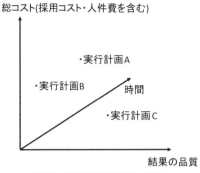

図 3.1　実行計画評価の 3 つの軸.

のコストも含めた総コストが問題となる．いくら採用コストと人件費を下げても，その結果として品質管理のためにそれ以上のコストがかかるようでは，本末転倒であろう．第二に，実行計画の評価には，コストと品質に加え，結果を得るための時間という評価軸が存在する．低コストで高品質の結果が得られても，結果を得るためにあまりにも長時間を必要とする実行計画は歓迎されない場合もあるだろう．

したがって，ここでは，クラウドソーシングの実行計画の善し悪しを，目標達成に必要な**コスト**，**時間**，および結果コンテンツの**品質**によって評価することにする（図 3.1）．つまり，コンテンツ品質だけに着目するのではなく，より低コストで，早く完了する実行計画を「より良い」実行計画と考えるのである．

[**コスト**] 実行計画に従ってクラウドソーシングを完了するために必要なコストである．低い方が望ましい．ペイド型クラウドソーシング（2.4.1 項）の場合，実行計画に含まれるタスクをすべて依頼した場合の報酬の総和で計算できる．アンペイド型

クラウドソーシングの場合は定義することは難しいが，最も単純には，タスクの総数としてモデル化することが考えられる．クラウドソーシング処理には計算機による処理コストもかかるが，人的処理のコストが圧倒的に大きいため，人件費が最も考慮すべきコストとなることが一般的である．

［時間］実行計画に従ったクラウドソーシングを完了するために必要な時間である．短い方が望ましい．時間は様々な要因に影響を受ける．例えば，同じ種類のタスクであればタスク数に影響を受ける（少ない方が早く完了する）．他にも，各タスクで支払う報酬（高い方が早く終わる），現在リーチ可能な人々の数（多い方が早く終わる），実行計画の並列度（含まれるタスクがどれぐらい多人数による並列作業で処理できるか：並列度が高い方が早く終わる）などである．

［品質］最終的に得られる結果コンテンツの品質は，高い方が望ましい．実行計画のタスク結果の品質とは，出力される個々のタスク結果の品質の平均値としてモデル化することが一番単純であろう．ただし，コンテンツ品質だけでも様々な種類があり，どのような種類の品質が求められるかはタスクによって異なる．これについては次に説明する．

　コスト，時間，品質は一般には独立しておらず互いに何らかの関連がある．例えば，一つを良くすると他のどれかが悪化するといったトレードオフの関係になる場合や，一つを良くすると他も良くなる（例えば，タスク数を単純に減らすことができれば時間が短くなりコストも下がる）場合がある．

品質の種類

　品質の評価を行うためには，まずそれを定義しなくてはならな

い．タスク結果コンテンツの品質には，少なくとも次の3種類があるだろう．

- **客観的品質**：品質の尺度がワーカに依存しないもの．例えば，（少なくとも現時点で）客観的に正しいとされている答えを求めるタスク，つまり，科学的な事実[1]を答えるタスクや，写真に写っている場所を答えるタスク等の場合，客観的品質が重要となる．
- **集団的品質**：品質の尺度がワーカの集団（文化，常識，歴史等）に依存するもの．与えられた線画が何に見えるかを聞くタスク，役立つ旅の Tips を求めるようなタスク等においては，集団的品質が重要である．
- **個人的品質**：品質の尺度がワーカ個人に依存するもの（誠実に答えたか否かなど）．商品の満足度を求めるタスクのような場合には，個人的品質が重要である．

個々のタスク結果ごとに，これらの品質が決まる．例えば，ライト兄弟の人数は？という質問を持つタスクを考える．実際のところライト兄弟は5人であるが，表3.1のように，多くの人は2名だと思っていたとしよう．そのときに，それぞれのタスクの品質の尺度として，正解度（ここでは正解であるときは1，そうでないときは0の2択とする），一致度（他人との一致率），回答時の誠実度（誠実であるときに1，そうでないときに0の2択とする）を考える．これらは順に客観的品質，集団的品質，個人的品質である．

表3.1の状況では「誠実に回答したが2人だと思っており，したがって2人と答えたワーカ」のタスク結果の品質は，正解度0，一

---

[1] もちろん厳密には正しいと思われていることが変わることもある．

表 3.1　「ライト兄弟は何人か」という質問に対する回答それぞれの 3 つの品質. 正確さは客観的品質，一致度は集団的品質，誠実度は個人的品質である.

ワーカ	タスク結果	正解度 (客観的品質)	一致度 (集団的品質)	誠実度 (個人的品質)
誠実なワーカ A	2	0	0.6	1
誠実なワーカ B	2	0	0.6	1
不誠実なワーカ C	2	0	0.6	0
誠実なワーカ D	5	1	0.4	1
不誠実なワーカ E	5	1	0.4	0

致度 0.6，誠実度 1 である．一方，ライト兄弟の人数を 5 人であると知っている人が「5 人」と答えたとする．その場合，そのタスク結果の正解度は 1，一致度は 0.4，誠実度は 1 となる．また，不誠実なワーカが，本当は 2 人だと思っているのにわざと「5 人」と答えたとする．その場合，そのタスク結果の正解度は 1，一致度は 0.4，誠実度は 0 となる．

　どのような品質が重要視されるかはタスクごとに異なる．さらに，タスクによっては，客観的品質や集団的品質がそもそも定義できない，もしくは定義しても意味がないものも存在する．例えば個人の身長を聞くようなタスクにおいては，タスク結果の客観的品質の例として，0 m 以上 3 m 以下を満たすか否か等を考えることはできるが，品質の高低を表すというよりも極端に品質の悪いデータを見つけるエラーチェック程度の意味しかない．また，身長の分布も統計としては興味深いが，各回答の品質を表すものではないので，そのような集団的品質を定義する意味はあまりないだろう．ただし，「理想の彼氏の身長は？」というタスクでは，平均や中央値などを利用して，何らかの集団的品質を定義する意味はあるだろう．

ワーカの品質

　品質の高い実行計画を遂行するためには，高い品質のタスク結果が期待されるワーカをタスクに割り当てることが不可欠である．

　本書では，あるタスク集合 T に関してワーカが行うタスク結果の品質の平均（例えば，そのワーカの正解度の平均として計算される正解率）を，タスク集合 T に関する**ワーカの品質**とし，T のタスク結果の品質の平均が高いワーカを，その品質での T に関する**高品質なワーカ**と呼ぶ．同様に，タスク結果の品質が低いワーカを，**低品質なワーカ**と呼ぶ．

　さて，一般的なワーカでは集団的品質と客観的品質が一致しないような難しいタスクの集合 T' を考えよう．このとき，T' に関する**専門家**とは，T' 中のタスクに関して，客観的品質である正解率が高いワーカである．また，**スパムワーカ**とは，誠実度が低く，かつ客観的品質が一定の条件を満たすものである（後述するように，必ず間違えるようなワーカは誠実でなくともスパムとは呼ばない）．

　以上のように定義したワーカの品質は，ワーカが T のタスクをすべて行った後でないと計算できないため，タスク割当てなどに役立たせるためには，事前に何らかの方法で推定する必要がある．高品質なワーカやスパムワーカの発見については，3.2 節で取り上げる．

3.1.2　実行計画の全体構造

直接業務タスクと間接業務タスク

　実行計画に含まれるタスクは大きく分けて直接業務タスクと間接業務タスクに分類することができる（図 3.2）．

　直接業務タスクとは，全体タスクの分割の直接的な結果となる

直接業務タスク	間接業務タスク
・次の英文を日本語に翻訳して下さい	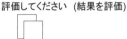・この日本語の文章を5段階で評価してください（結果を評価） ・TOEICの点数を教えてください（ワーカ属性入手）

図 3.2　実行計画に含まれるタスクは，全体タスクを分割した結果である「直接業務タスク」と，それ以外の「間接業務タスク」に分類することができる．例えば，1,000 文の英文を日本語に翻訳するための実行計画は，1 文を翻訳するための直接業務タスク 1,000 個だけでなく，適切なワーカをリクルートするためにワーカ属性を入手したり，行われた結果を評価するための間接業務タスクを伴うことがある．

タスクである．例えば，1,000 文の英文を日本語に翻訳するために，図 2.1（右）のタスク分割を用いる実行計画では，1 文を翻訳するための直接業務タスク 1,000 個を含む．

　一方，**間接業務タスク**とは，それ以外のタスクである．実行計画によっては，高品質のワーカに依頼するために，英語の能力に関する情報を入手するための間接業務タスクを実施するかもしれない．また，複数の人に同一のタスクを重複してやってもらった結果から最も良い結果を選ぶために，他の人に，それぞれのタスク結果の品質を評価してもらうための間接業務タスクを実施するかもしれない．

実行計画の実行順

　図 3.3 は，実行計画の典型的な実行順を示したものである．まずフェーズ 1 で，タスク分割，リクルート，ワーカの品質評価，タスク割当て等を実施する．次にフェーズ 2 で，直接業務タスクを実施

フェーズ1	フェーズ2	フェーズ3
・タスク分割 ・リクルート ・割当て ・品質評価 (間接業務タスクを 伴うことがある)	直接業務タスクを 実施	・品質評価 ・結果集約 (間接業務タスクを 伴うことがある)

図 3.3　クラウドソーシングの実行計画の実行順序.

する.最後にフェーズ 3 で,結果の品質評価,結果の集約などを行う.フェーズ 1 とフェーズ 3 は,実行計画の設計者が人手で実施したり,もしくはクラウドソーシングサービスが提供する機能や他のソフトウェアの利用によって実施されることもあるが,実行計画内でこれらを行うための間接業務タスクを明示的に実施することもある.

　本書では簡単化のため,このようにフェーズを後戻りしない実行計画を例に説明を行う.実際には,順番を戻ったり,より複雑に組み合わせた実行順を持つ実行計画を考えることもできるが,本書で説明する内容はそのような実行順にも適用可能である.

3.1.3　採用コストと人件費を抑えて高品質を目指す

　1 章で述べたように,クラウドソーシングが注目を集める理由の一つは,採用コストと人件費を低く抑えながら,高い品質の結果を得ることができるのではないか?という期待である.しかし,採用コスト・人件費と,高品質のワーカの確保(すなわち高品質のタスク結果)は一般には両立しない(図 3.4).では,これらを抑えながら高い品質を目指すにはどうすればよいか?　二つのアプローチを考えることができる.

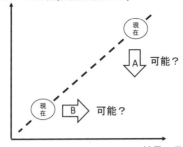

図3.4　採用コスト・人件費を下げて良い結果が得られるか？

A これまでの採用コスト・人件費と比較して，そのコストを下げながらも，できるだけ高品質なワーカを確保する仕組みを考える．

B 個々のワーカに高品質タスク結果を期待できなくても，最終的に高品質な結果になるような仕組みを用意する．

　これらは排他的なものではなく，組み合わせることができる．ただし，実行計画のコストとは，採用コストと直接業務タスクの人件費だけでないことに注意されたい．一般には，これらを下げながらも品質を維持しようとすると，必要な間接業務タスクのコストが増えるなど，他の部分でコストをかける必要が生じることがある．これらについては次節以降で見ていこう．

3.2　タスク結果とワーカの品質評価

　実行計画が高品質な結果を実現するためには，実行計画の中に，タスク結果が高品質か否かや，高品質なタスク結果を期待できるワーカか否かを評価する仕組みが必要になる．例えば，図3.3の各

表3.2　ワーカとタスク結果の品質評価の手法.

追加の人的コスト	手法
必要（3.2.2項）	(1) 品質に関わるワーカ属性を入手する間接業務タスクを利用（客観的・集合的・個人的品質） (2) タスク結果ごとに，品質のヒントを自己申告（客観的・個人的品質） (3) 他人によるタスクおよびワーカの品質評価（集合的品質） (4) 複数人で作業した結果を比較（集合的品質）
不要（3.2.3項）	(1) 既知のワーカ属性を利用（客観的・集合的品質） (2) ワーカの挙動から推測（個人的品質） (3) 過去タスクの結果を用いて判断（客観的・集合的・個人的品質）

フェーズにおいて，品質評価は次のように様々な目的で行われる．

- フェーズ1で行う場合には，本番タスクのために適切なワーカを選抜するために利用する．
- フェーズ2で行う場合には，直接業務タスクに品質評価のヒントを入手するための作業を追加して，その結果をフェーズ3で役立てるために利用する．
- フェーズ3で行う場合には，(1) 必ずしも高品質とは限らないワーカのタスク結果から，高品質なタスク結果を求めるため，もしくは (2) 今後行う別の実行計画が参照できるように，ワーカ品質などの属性を作成するため，に利用する．

ワーカの品質評価をフェーズ1で行うことは，本質的には人材採用コストをかけることと同じであり，それ以外のフェーズでの品質評価に関しても，直接業務タスク以外の追加の人的なコストがかかることがある．しかし伝統的な採用活動とは異なり，評価自体にアルゴリズムやクラウドの力を利用することにより，採用コストを低く抑えようとすることが重要なポイントである．表3.2はよく使われ

る手法をまとめたものである.詳細は次項以降で説明する.

尺度間の関係

表3.1の例で示したように,品質を表す尺度は複数あり,これらの尺度の値は必ずしも一致しない.しかし,特定の条件を満たしたときに,ある尺度から直接的・間接的に別の品質の尺度をある程度推測できる場合がある.これらを利用して,客観的品質,集団的品質,個人的品質を他の品質の尺度から推測することがしばしば行われる.

- あるワーカ集合がタスクの問題に対して正しい科学的知識を持っていて誠実にタスクを行うならば,それらのワーカの一致度(率)が高いタスク結果の正解度(率)は高くなるであろう.
- 複数ワーカの平均正解率が非常に高いにもかかわらず正解率が飛び抜けて低いワーカがいる場合には,そのワーカの誠実度は低いことが推測できるであろう.
- 逆に,誠実度の低いワーカの一致率,正解率(正解がある場合)は低くなる傾向があると推測できるだろう.

3.2.1 ゴールドスタンダードデータと能力認定試験

ゴールドスタンダードデータ (gold standard data) とは,この分野で,**既知の正解** (ground truth) を表すデータを表すのに利用される用語である.クラウドソーシングにおける品質評価(特に客観的品質の評価)では,このゴールドスタンダードデータを用いたテストが行われる.

ワーカの**客観的品質**と能力

先に述べたように,本書では,タスク集合 T に関するワーカの

Box 7　クラウドソーシングと国民性

　クラウドは人であるから機械のように全く同じ振る舞いを行うことはなかなかない．個別の違いだけでなく，そこには，属性による違いがあり，「国民性」ともいうべきものも存在する．米国大手クラウドソーシングサービス企業の Figure Eight（かつては CrowdFlower という名前であった）では，ワーカのタスク結果に関する自信（確信度）の有無の調査を行った．一般に，人間は自分の能力を過剰に評価する傾向があるのだが，グループに分けて比較したところ，年齢別や教育レベル別のグループを比較しても，品質が向上するのと同様に確信度も同様に向上するため，そのような確信度の過剰さに違いはなかった．しかし，ワーカの多くを占めるインドと米国のそれぞれのワーカを対象に，自分たちが行ったタスクの結果に対する確信度を比較した．そこには明らかな国民性が現われた．インド人は平均と比べて，明らかに自らの結果の品質に関して過剰に評価する傾向があったのである (https://www.figure-eight.com/confidence-bias-evidence-from-crowdsourcing/)．また，スパムの多少についてサービスごとに比較することは難しいが，著者の経験に基づく印象では，日本人がワーカであるクラウドソーシングサービスではスパムは少ない印象がある．論文 [133] では，比較的簡単な質問を間違えたワーカは 16% 程度であったと報告されている．一方，Amazon Mechanical Turk では，一時期はワーカの 40% 近くがスパムワーカであるとの報告がなされたこともある [115]．クラウドソーシングのデータ品質管理は，実に様々な要因に影響されるのである．

客観的品質として，ワーカのタスク結果の正解率を取り上げた．しかし，そもそもワーカの品質を調べるのはタスク割当てなどに活用するためである．よって，そのワーカが T のすべてのタスクを行うのを待つわけにはいかない．したがって，ワーカの正解率を推定する必要がある．これを行う最も素直な方法は，T 中のタスクから

適切な標本抽出を行い統計的手法で推定を行うことであるが，クラウドソーシングのタスクに関して，良い標本抽出を行うことは簡単ではない．まず，多様なタスクのそれぞれにおいて事前に詳細な知識を持っていることは現実的ではないため，層化抽出等の手法を適用することが困難である．また，良い無作為抽出を行うことも難しい状況が多々ある．例えば，同一種類のタスクであってもしばしば後で追加される（すなわち T の全体が事前に入手できない）し，次々と現われる様々な種類のタスクに対応することも困難である[2]．

　そこで，それらの品質の高いワーカは，そのタスクを解くための何らかの高い「能力」を持つと考えよう．つまり，「その能力が高いワーカであるほどより高い品質のタスク結果を出し，また，逆も成り立つ」と考えるのである．そして，その能力を測るためのテストを実施する．このテストの結果からはタスクの母集団における正解率は求められないが，より高い正解率が期待されるワーカがわかるので，良いワーカを選択するのが目的ならばそれでもよいのである．タスクを行うために必要な能力を見るためのテストは**能力認定試験**（qualification test：日本ではチェック質問等とも）と呼ばれる．能力の計測は，タスクの母集団における正解率を推定するための標本抽出が不要になるという利点がある．その代わり，ワーカの能力を正しく計測できるテストか否かが重要な関心事となる．

良いワーカはどれか

　まずは，フルーツ判定タスクに関する適切な能力判定試験がすで

---

[2] とはいうものの，タスクの難易度がすべて均一であり，かつ，ワーカ全員が50%以上で正解する等の単純化したモデルの下で，ゴールドスタンダードデータなしでワーカの正解率の区間推定を行う研究[54]も存在する．

ワーカ A：

		答えた結果		
		イチゴ	バナナ	ブドウ
正解	イチゴ	57	2	1
	バナナ	2	27	1
	ブドウ	2	1	12

ワーカ B：

		答えた結果		
		イチゴ	バナナ	ブドウ
正解	イチゴ	20	20	20
	バナナ	10	10	10
	ブドウ	5	5	5

ワーカ C：

		答えた結果		
		イチゴ	バナナ	ブドウ
正解	イチゴ	1	30	29
	バナナ	10	1	19
	ブドウ	9	5	1

図3.5　どれが良いワーカ？——各ワーカの混同行列

にわかっていると仮定して，ワーカの能力を判定する問題を考え
よう．図3.5は，写真に写ったフルーツが，イチゴか，バナナか，
ブドウかを質問するタスクを105問行った結果である．ここでは，
我々は各タスクの正解を表すゴールドスタンダードデータをすでに
持っており，そこにはイチゴが60個，バナナが30個，ブドウが15
個ある．また，3人のワーカがタスクを行った．

　図中のそれぞれの行列は各ワーカの状況を表し，各行に各正解
を持つタスク数，各列にそれらのタスクに対する各ワーカの回答
の数，それぞれの枠の中には，そのケースに当てはまった回答の
数が書かれている．このような行列は一般に**混同行列**（confusion
matrix）と呼ばれる．ここでは混同行列の中で，正解 i に対して答
えられた回答 j の場合の枠の中の数を $u_{i,j}$ と表すこととする．

　さて，このとき，我々はどのワーカを良いワーカと考えればよい

のであろうか？　まずは，彼らの能力判定試験における正解率[3]を計算してみよう．すなわち，試験で答えた回答のうち，正解だった個数の率を計算するのである．正解率は，それぞれの混同行列で，$(u_{1,1}+u_{2,2}+u_{3,3})/(\sum_{i,j}u_{i,j})$ で表すことができる．したがって，ワーカ A の正解率は $(57+27+12)/105 = 0.91$，ワーカ B の正解率は $(20+10+5)/105 = 0.33$，ワーカ C の正解率は $(1+1+1)/105 = 0.03$ となる．つまり，正解率は最もワーカ C が低い．

　もし能力判定試験の問題が適切であれば，この結果から，ワーカ C の能力が低いと考えることができるだろう．

より良い試験を作る

　では，能力認定試験は，どのような問題を持つべきなのであろうか？　理想的には，「これから行うタスクについて正しく回答する能力を持つワーカは，この問題に 100% の確率で正しい回答を行い，そうでないワーカは 100% 間違える」という問題を出題すればよいのである．そうすれば，その試験を行うことによって，必要な能力を持つか否かを確実に判定できる．しかし，現実にはそのようなものはまずない．この状況をもう少しきちんと考えてみよう．図 3.6 は，試験に含まれる様々な問題の正解率と，能力との関係を示したものである．問題 (a) は，能力の高低で正答する確率がはっきりと違う．このような問題は**識別力**が高いといわれる[4]．問題 (b) は，能力の判定にかかわらず確率があまり変わらないため，識別力が高くない，すなわち，その能力の判定のためにはあまり有益では

---

[3] タスク集合 T における正解率ではないことに注意．

[4] 問題の性質には識別力の他にも，どれぐらいの能力を持つ人が正解できるかを示す**困難度**と，たまたま正解する度合いを示す**当て推量度**がある．例えば，問題 (a) では，真ん中ぐらいの能力で正解率が急に上がるが，困難度が上がるとこれが右に寄る．また，問題 (b) は当て推量度が高く，能力が低くてもある程度正解する．

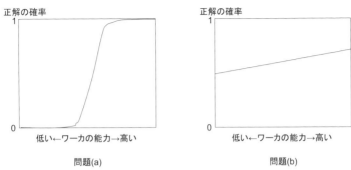

図 3.6　ワーカの能力と，能力認定試験に含まれる問題に正解する確率の関係の例．問題 (a) は一定の能力があると正解する確率がはっきりと高くなり，識別力の高い問題である．問題 (b) は能力の高低に対して正解の確率の差が小さく，これだけで能力を判定するのは難しい．

ない．これが Box 4 で取り上げた「サンボという単語で検索を行う人はグルメに興味があるか？」という問題で起こったことであった．すなわち，この問題は，そのタスクで必要であった「グルメに関する検索語を適切に判定する」という能力を持っているワーカであっても正解する確率が高くないため，識別力が低く，能力認定試験として不適切だったのである．

　適切な能力認定試験を作成するためには，試験問題の作成の理論を活用することができる．代表的なものに**項目応答理論** [136] がある．その理論では，図 3.6 に示したような各問題の性質の違いに注目し，次のようなことを可能とする．

(1) 試験について，能力判定の視点での適切さを調べる．
(2) 複数の異なる試験の結果の比較を可能にする．

例えば，異なる問題の TOEFL のスコアが比較可能であるのは，この理論を活用して算出しているからである．

能力認定試験に含まれる問題は，マイクロタスク型のクラウドソーシングにおいては新規に作成する必要はなく，その能力を必要とするタスクの母集団 T から適切な問題を選択するのが簡単であろう．しかし，クラウドソーシングでは T が既知とは限らないので，工夫が必要になる場合もある．例えば，タスクが順次用意されるような状況では，とりあえず手持ちの問題で試験を作り，あとでより良い能力判定試験に更新する必要があるかもしれない．また，同一ワーカの最新の能力を調べるために試験をもう一度行うときには，同一問題での試験は避けたいだろう．このように，試験で同一の問題を使い続けるのが難しい状況も多い．そのような状況でも，項目応答理論に基づき試験を実施すれば，一貫性のある能力判定ができる．ただし，能力と正解する確率の関係が既知である問題が存在することが必要となる．したがって，試験作成時には，試験に含まれる候補となる問題に関して，事前に複数のワーカによるタスク結果の入手などを行わなければならない．

スパムワーカの発見

スパムワーカとは，誠実でなくでたらめに答えるワーカのことである．スパムワーカの典型的なパターンは，ランダムに回答する，もしくはずっと特定の回答（バナナ等）を続けるというものだ．そのようなワーカの特徴は，すべての正解の場合において，同じように間違うことである．すなわち，すべての i に対して $u_{i,1} = u_{i,2} = u_{i,3}$ となることである．この例では，ワーカ B がそのような動きをしているので，これはスパムワーカであると推測できる．

必ず間違えるワーカは不誠実ではあるがスパムワーカではない．ワーカ C の回答は正解率がとても低く，ほぼすべてで間違えるた

め,「正解は彼が答えた回答とは違うもの」という,ある意味正しい回答を得るヒントを提供している.それに対して,スパムであるワーカ B の答えは,正しい回答を得るための何のヒントも提供しない.この考え方を一般化して,スパムらしさを定量評価する試みが行われている [50, 97].

ただし,このような客観的品質だけに着目した手法では,誠実ではあっても結果的にでたらめに見える回答を出したワーカをスパムワーカとして扱ってしまう.しかし,データ品質管理の目的だけならば,このようなワーカがスパムに分類されても実用上は問題ないであろう.これを避けたければ,簡単で正解率が高いタスクを試験問題に含めることである.そうすれば,その中で正解率が低いワーカは,誠実でないと考えることができる.

3.2.2 追加の人的コストが必要な手法

まずは,品質評価の手法のうち,そのために新たに追加の人的コスト(直接業務タスクへの追加の作業や,追加の間接業務タスク)が必要なもの(表 3.2(上))を見てみよう.

(1) ワーカ属性を入手する間接業務タスクを利用する

追加の人的コストを必要とする第一の手法は,ワーカ属性を入手するための明示的な間接業務タスクを行い,その結果を利用することである.具体的には次のような方法がある.

(1-1) まず,何らかの形で能力計測を行って,ワーカの能力を表す属性の値を計算する方法がある.ここでは,前節で説明した能力認定試験がよく利用される.利用するフェーズとしては次のようなものがある.まず,フェーズ 1 で明示的に行い,選ばれたワーカのみがフェーズ 2 に進む方法がある.次に,フェー

ズ 2 の直接業務タスクの中に，能力認定の質問をわからないように混ぜておき，正解率を見てワーカの品質を評価する方法がある．後者の場合には，そのワーカの品質を見て，フェーズ 3 で低品質のワーカの結果を除去したり，複数人で同じタスクを行う場合には，最終的な結果の計算を工夫したりする（3.4.3 項）．

能力計測だけではなく，回答の一貫性を計測すれば，ある種の個人的品質を評価することができるであろう．具体的には，**タスク結果の一貫性**（別の問題には別の回答を行う，実質的に同じ答えを持つタスクに関しては同じ回答を行う等）を計測するために重複した問題を用いたテストを行い，答えが一致する割合の期待値を，そのワーカの個人的品質として利用する等の方法があるだろう．一貫性が低いワーカは誠実度が低いと推測できる．

（1-2）また，能力計測を行わず，本人にワーカ属性を自己申告させる方法も考えられる．例えば，ワーカの居住地を入力させ，京都市と書いていれば，京都の地名に関するタスクに対して高品質なワーカであると推測する．これは，フェーズ 1 で行われることが一般的である．

上記（1-1）の計測する方法と（1-2）の直接申告させる方法は一長一短である．（1-2）は，直接業務に必要な能力を表す属性が何かがすでにわかっており，その値が信用できる場合に有効である．一方，（1-1）はそうでない場合に有効であるが，個々のワーカで計測を行わなければならない．論文 [72] はこれらを組み合わせたような手法を提案している．すなわち，まずは同一のタスクを多くの人に投げ，そのタスクを行うのに高品質なワーカを見つけるにはど

ワーカ属性を見ればよいかを発見する手法を提案している．一度そのような属性がわかれば，その後は各自でテストを行わなくても，その属性を見て，他のワーカの品質を評価できる．ただし，そのようなワーカを発見する手がかりとなるような属性が存在する場合にのみ意味があることに注意するべきであろう．

(2) タスクごとに，結果品質に関するヒントを自己申告する

　第二の方法は，フェーズ2で，タスクごとに結果の品質に関するヒントをワーカに申告させることである．具体的には次の方法がある．

(2-1) まず，直接的に申告させる方法がある．例えば，ワーカ自身に各タスク結果に関して明示的に確信度を入力させることによって，フェーズ3でのタスク結果統合時に品質向上に役立たせる方法[92]はその一つである．ヒントの申告において誠実な回答が得られれば，正しさに関する確信度を用いてタスク結果の客観的品質を推定できる．もし，他の人と同じ答えだと思うかどうかに関する確信度を用いれば，集団的品質の推定も可能であろう．

(2-2) 次に，間接的に申告させる方法がある．論文[102]では，タスクを引き受ける際の報酬のプラン（例えば，高品質の結果に対する価格をどれぐらい高くするのか等）をワーカに選ばせる．合理的なワーカは自分が得られる報酬が大きくなるようなプランを選択するはずである．例えば，全く正しく回答する確信がない場合には品質にかかわらず行ったタスク数に比例した報酬を希望するであろう．このように，間接的に自分のタスク結果の確信度を表明させて，その情報を品質管理に利用することを提案している．これも，ワーカ自身によるタスク結果の品質評価であるといえる．

(3)　他のワーカに評価させる

　第三の方法は，タスク結果の品質を，フェーズ3で他のワーカに評価させることである．例えば，Amazon の商品レビューには「役に立った」といった他者の評価がつけられる．これは一種の集合的品質を求めている．また，他者の集団が専門家である場合などは，「正しいか否か」を評価して客観的品質を調べることも可能である．

　他のワーカからの評価は，単に個々のタスク結果の品質を調べるのに利用されるだけでなく，しばしばそのタスクを行ったワーカの品質を表す属性の計算に利用されて，別の機会に参照される．よく行われるケースは，ワーカがこれまで行ったタスク結果の評価の平均を，ワーカの品質を表す値とすることである．例えば，多くのクラウドソーシング市場では，仕事の結果に対して発注者からの評価を受け，その評価の平均は後日別の発注者によって参照される．Uber 等のサービスも同様であり，ドライバーは毎回評価を受け，その評価は次回以降のクライアントに参照される．

　ただし，クラウドソーシングプラットフォームでは，タスクを行ったワーカ全員に高い評価を行うリクエスタが存在したり，自らの属性内容を偽って入力するワーカがいるため，これらの属性に基づいてタスク割当てを行うと，必ずしも適切な割当てができない（例えば，すべてのワーカの評価にほとんど差がない）ことがある．このような状況を補正した上で，タスクに対して適切なワーカ推薦を行うような手法も研究レベルでは提案されている [118].

　上記 (1)(2)(3) の中で，タスク結果の品質評価に他の入力（他者の評価や自身による確信度や属性の入力など）が必要な場合には，それらの入力の品質の問題にすり替わっただけに見えるかもしれない．しかし，それらの品質の保証や評価をすることが，タスク結果

自体の品質評価よりも容易であれば，それがベターな方法となる．

(4) 複数人で作業して比較する

品質の高いワーカ，すなわち，高品質なタスク結果を返す可能性の高いワーカが複数いるとする．ここで，彼らの結果が一致する可能性が高く，品質の低いワーカの結果は一致しない可能性が高い，という場合を考えよう．これが成立する状況とは，正解の回答が一つしか存在せず，かつ大多数の人が同じ間違いをしないような場合である．これらの場合には，ゴールドスタンダードデータを利用しなくとも，タスク結果やワーカの集合的品質をもとに客観的品質を推測できる．詳細は 3.4.2 項で説明する．

以上の手法は，それぞれコストがかかる箇所が異なることに注意してほしい．具体的には，ワーカの負担増加，ゴールドスタンダードデータの入手，数倍の人数のワーカ確保等である．タスクの種類に応じて，どのコストが一番低いかを考え，採用することが肝要である．例えば，ゴールドスタンダードデータをすでに所有している，タスクが非常に簡単でタスクあたりに支払うコストが非常に安い等の状況によってどの手法を採用すべきかは異なるであろう．

3.2.3 追加の人的コストを必ずしも必要としない手法

品質評価のためだけの追加の人的コストを必ずしも必要としない手法としては次のようなものがある．

(1) 既知のワーカ属性を利用して，ワーカの品質を推定する

例えば，ワーカ属性として使用言語がすでにわかっている場合を考えよう．このとき，言語の属性が日本語のワーカを，日本語文法上のおかしな助詞を判定するタスクに関して品質が高いと判断する

のである．また，専門家のメーリングリストを通じてワーカをリクルートした場合も，このタスクに関して高品質であるというワーカ属性が既知であるケースに該当するだろう．このように，知識を表すワーカ属性を用いた場合には，客観的・集団的品質に関して高品質な回答が期待できる．また，誠実度と関連するワーカ属性（例えば平均回答時間）を用いた場合には，個人的品質に関して低品質なワーカを見つけることができるだろう．これらの結果をフェーズ1で行えば事前に適切なワーカを選択できる．

(2)　ワーカの挙動から推測する

　直接業務タスクを行う際のワーカの挙動を記録し，タスクの回答に要した時間やマウスの挙動などを利用して，タスクの個人的品質を判定する [59, 84, 101]．例えば，回答の時間を計測して，本来は時間がかかる難しいタスクに短時間で答えた場合，そのタスク結果の誠実度は低いとする方法がある．誠実度が低い場合には客観的・集合的品質も低くなる（タスクが簡単であれば，逆も成立する）ため，誠実度が低いタスク結果は，フェーズ3で除去するなどの方法でこれらの品質を向上できる．

(3)　過去に行ったタスクの結果を用いて判断

　これは，以前に同じワーカが行ったタスク結果が入手できる場合に可能である．その場合，過去タスクの結果からワーカの品質を求めれば，今回のタスクのための品質評価のために特別な間接業務タスクを実施しなくて済む．過去タスク結果で 3.2.2 項で説明した手法がすでに適用されているか，もしくは適用できるだけのデータが揃っていれば，それらの結果を利用することによって新たにコストをかける必要がなくなる．

3.3 採用コストと人件費を下げる戦略

3.3.1 採用活動の自動化・低コスト化を進める

　採用コストを下げる一番の方法は，採用活動の自動化である．今日，自動化のためにはインターネットメディアの利用が必須である．採用のために一人ずつ面談を行っているようでは，採用コストは削減できない．

　採用活動の自動化の鍵は，そのタスクに関して高品質のワーカであるか（必要なスキルを持つ人材か）否かの判定の自動化である．これが可能であるかどうかは，仕事の内容に大きく依存する．例えば Uber が採用活動を自動化できている理由は，車を運転するという能力は自動車免許の有無という形で簡単に判断できるからである．

　完全自動化できない場合には，採用のために人的コストをかけることがある．しかし，クラウドソーシングにおいては，3.2 節で説明したとおり，採用のためのワーカ品質の評価を行う人的資源自体をクラウドソースすることが一般的であり，これが伝統的な採用活動とは異なる特徴となる．

　採用コストを下げると，必ずしも確実に高品質なワーカを採用できるとは限らなくなる．そこで，次項で説明するような，高品質でないワーカの結果から最終的に高品質な結果を得るための手法と組み合わせることによって，実行計画の総コストを下げながら，高品質な結果を得ることを目指すのである．

3.3.2 タスクを実行できるワーカを増やす

　ワーカの人件費を下げるための方法は，タスクを行うことができるワーカを増やすことである．なぜなら，需要と供給の関係により，潜在的な人材が増えると人件費が下がるからである[5]．基本的

には，2章で説明した方法を利用して，実行計画の実行可能性を高めることが戦略となるが，人件費を下げるためには，必要なタスク数に比べてワーカが十分多いことが重要になる．タスクを実行できるワーカを増やすためには，次が重要となるであろう．

- **個々のタスクを小さくする**：タスク分割により，一つひとつのタスクのサイズを小さくする．誰もができる仕事であれば，タスクのサイズを小さくすると，そのタスクを実行可能なワーカは増える．Uber は，乗客を運ぶという仕事を専任ではなくパートタイムの業務とすることによって，その仕事を引き受けることが可能な潜在的な人材の数を大幅に増やしている．気を付けないといけないことは，実行計画の実行可能性を上げるときには，しばしば仕事の総量が増える可能性があることである．今回の目的はコストを下げるためにワーカを増やすことなので，仕事の総量を増やさないようなタスク分割をしなければならない．ただし，何かのついでに行えるほどにタスクを小さくできる場合（2.4.1項「インセンティブが不要な方法」参照）には，仕事の総量が増えても金銭的コストは上がらない（ただし，実行計画の総時間は増える可能性がある）．

- **難しいタスクを切り離す**：タスク中で一般の人には難しい部分を見極め，タスク分割によってその部分だけを専門家タスクやAI 処理として切り離す．Uber では，目的地設定や経路探索は自動化されており，ドライバーが外国人と会話したり道に精通する必要性をなくしている．

- **適切なメディアを選択する**：リクルーティングのためのメディアの選択を工夫することによってもワーカは増える．例えば，

---

5) 最低時給など，各国の法律に従う必要がある．

表3.3 高品質を期待できないワーカから高品質な結果を得るための技法（[31] の分類を再編し一部改）

考え方	技法
高品質な結果を引き出す（3.4.1 項）	・インセンティブの工夫（成果報酬，GWAP） ・タスク設計や制御の工夫（確認のチェックボックス，自己補正タスク） ・ワーカを訓練・教育する
低品質な結果をある程度受け入れる（3.4.2 項）	・重複タスク結果の並列作業と集約による高品質な結果の入手（3.4.3 項） ・逐次ワークフローによる品質改善（3.4.4 項）

　日本人だけにリーチするメディアではなく，英語圏の人材にリーチするメディアを利用すれば，その仕事を引き受ける可能性がある人の数が大幅に増える．ロゴのデザインなどを一般のクラウドソーシング市場で依頼すると，デザイナー以外の学生などが参入してくるため，そこでは単価が下がる傾向にある．

3.4 高品質とは限らないワーカから高品質な結果を得る戦略

　採用・雇用コストを下げると，必ずしも高品質なワーカばかりが集まるとは限らない．したがって，高品質な結果が期待できないワーカから高品質な結果を得ることが重要になる．この手法は二つに分けることができる（表3.3）.

3.4.1 できるだけ高品質な結果を引き出す

　まずは，採用したワーカからできるだけ高品質な結果を引き出そう．2.3.4 項で説明したように，タスク自体に，品質向上につながる特別な作業を追加する等，わずかな追加コストで高品質な結果を引き出す方法もある．例えば，ケアレスミスを防ぐためには，最後に確認のチェックボックスを追加すればよい．また，成果報酬や

GWAP（2.4.2 項）では，インセンティブがワーカのリクルートだけでなく品質を上げるためのツールとしても利用される[6]．

　もっと追加のコストをかけて高品質な結果を引き出す方法としては，次のようなものがあるだろう．

直接的な訓練を行う

　最もわかりやすい方法は，採用したワーカを対象に訓練を行うことである．訓練用の問題やタスクを用意し，これらの正しいタスク結果を教えることによって，本番タスクの結果の品質向上を期待する．

　ワーカの訓練においては次の点を考える必要がある．

- **どのタイミングで訓練するか**：選択肢としては，本番タスク前に「訓練タスク」を用意して訓練する方法と，本番タスクの中に訓練のための問題を埋め込んでおいて，間違えた場合にどうすればよいか教える方法がある．これまでの研究では，本番タスクの前に明示的な訓練タスクを実施した方が効果があるという報告がなされている [38]．

- **どのデータを用いた問題で訓練するか**：ラベル付けタスクなどでは，「（一般には複数あるであろう）訓練タスクの正解ラベルがどういう分布になっているか」が，ワーカの品質向上に影響を与える [70]．したがって，訓練を行う過程でワーカがどのような理解でタスクを行っているかを推測して，その理解を正しく軌道修正させるような適切なデータを選ぶことが重要である [106]．

---

[6] GWAP においては求める品質によってゲームのルールを変える必要がある．例えば，ESP ゲームのルールが導く品質が高い結果とは，集団的品質の一種である「画像を見て誰もが思いつくタグ」である．別の品質の定義の場合には別のルールが要求されるであろう．

130

First Stage　　　　　　　　　　　　　　Second Stage

図 3.7　自己補正タスクの例（論文 [62] より抜粋）. 一度回答すると, 自分の選択した回答とともに, 他人の回答が示される. ワーカはその回答を見て, 自分の回答を変更することができる.

直接的な訓練以外の方法でワーカに学習させる

　ゴールドスタンダードデータを用いた訓練タスクを行う際には, 訓練そのもののコストに加えて, ゴールドスタンダードデータを何らかの方法で入手する必要がある. 一方, 対象タスクや関連タスクに関して, 他人のタスク結果が存在する場合には, このようなゴールドスタンダードデータを用いた直接的な訓練以外の手段で, ワーカの品質を向上させる手法も存在する. 例えば, 一度タスクの結果を回答した後に, 同じタスクに関する他人の結果を表示して, 本人が必要だと思えば結果を変更する**自己補正**という手法が提案されている（図 3.7）. これにより, うっかりミスや考え間違い, 見過ごし等にワーカ自身が気づいて結果の品質が上がるだけでなく, 他人の回答がある程度正しいものであれば, 自己補正タスクを繰り返すことによってワーカの品質が向上することが知られている [62, 103]. 別の手法としては, 過去のタスクの結果からタスク A を行うと別のタスク B の結果の品質が向上するという関係を求め, ワーカがタスク B を行う前にタスク A を割り当てることにより, タスク B に関するワーカの品質が向上することがあることも報告されている [12].

大量データや多数のワーカに対する成果報酬

　成果報酬も，少数のタスク結果で評価が簡単であれば問題ないが，大量のデータや多数のワーカを必要とするようなクラウドソーシングの場には，成果報酬のためには大量の「成果」を判断しなければならない．これをタスクの依頼者がすべて手作業で実施することは非現実的であるため，他の方法を考える必要がある．

　第一の方法としては，3.2 節で説明したような，ゴールドスタンダードデータを用いた試験によるワーカの品質推定手法を利用することが考えられる．つまり，正しい結果がわかっているタスクを本来のタスクに混ぜておき，そのできによって，支払いの額を変えるのである．第二の方法は，品質評価自体を「クラウドソース」する方法である．GWAP において一致度を見たり，次項で説明するような手法を用いて「高品質な結果」を求め，それらと比較して，成果を判断するのである．

3.4.2　低品質の結果をある程度受け入れる

　低品質の結果をある程度認めた上で，最終的に高品質なタスク結果を得るためには，会社組織のように**品質管理を行う仕組み**を設計するのが素直なアプローチといえる（図3.8）．では，そのような品質管理のための仕組みはどのようなものを作ればよいのであろうか？

　ここでは，二つのシンプルな仕組みを考えよう．図3.9 はこれらをデータフローで表したものである．（a）は，並列タスクによる品質管理のデータフローである．具体的には，重複したタスクを並列して複数のワーカにやらせ，その結果を集約する過程で，より高品質な結果を得ようとする．集約は人手を介さずに行う場合もあれば，別のワーカが行う場合もある．（b）は，逐次タスクによる品質

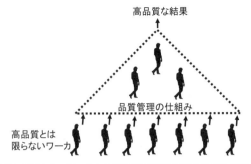

図 3.8 高品質とは限らないワーカから高品質な結果を得るために品質管理の仕組みをどう作るか？

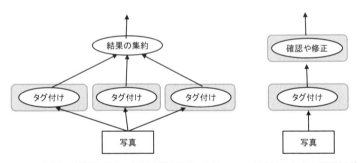

(a) 重複タスク結果の集約による高品質な結果の入手　　　(b) 逐次タスクによる品質改善

図 3.9 高品質な結果を得るためのデータフローの例. (a) は，同じタスクを複数の人が行い，そこから高品質な結果を求める並列タスクのデータフロー. (b) は，ある人が行ったタスクの結果を次の人が確認・修正を行うような逐次タスクのデータフロー.

管理のデータフローである．すなわち，最初のワーカが行った結果を別のワーカが確認したり修正するようなタスクを用いて，より高品質の結果を得ようとする．

3.4.3　重複タスク結果の集約による高品質な結果の入手

　並列タスクによる**複数人の重複タスク結果の集約**では，同一のタ

表3.4　結局，結果は何にする？

タスク	ワーカA	ワーカB	ワーカC	ワーカD	統合結果
1	バナナ	イチゴ	イチゴ	イチゴ	?
2	リンゴ	イチゴ	リンゴ	イチゴ	?

スクの作業を複数の異なる人に依頼し，複数の回答の中からより高品質と思われるものを選択したり，もしくは，それらの回答を何らかの方法で統合することにより，最終的に高品質な結果を求めようとする．例えば，表3.4のタスク1を行った4人のワーカの結果をもとに，多数決をとって最終的な結果を求める場合には，イチゴが最終的な結果となる．では，タスク2はどうであろうか？

潜在クラスモデルに基づく集約

　高品質な結果を得るためのタスク結果の集約[7]には多くの手法が提案されているが，単純な多数決をはじめとして，複数人のタスク結果から正しいものを選ぶ手法の多くは**潜在クラスモデル**から導くことができる．潜在クラスモデルとは，観測できるデータが，その背後に存在する見えない「場合分け」の影響を受けている（すなわち，我々が直接観測することができない「場合分け」が，観測できたデータを決める一つの要因となっている）と考えてモデル化する手法である．

　この潜在クラスモデルの考え方を利用すれば，クラウドソーシングで得られたタスク結果を「観測できる結果」としてモデル化し，

---

[7] 一般には，複数のタスク結果の集約という言葉は，ここでいうような「必ずしも高品質とは限らない結果の集まりから高品質な結果を得る」という意味以外にも利用されることに注意しよう．例えば，高品質な結果の集まりから何らかの別の結果を作ることも，タスク結果の集約である．

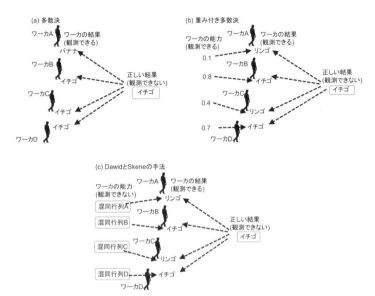

図 3.10 タスク結果の集約手法がもとにしているデータ生成モデル. (a) 単純な多数決のもととなるモデルでは, ワーカの能力は同じと仮定し, 観測不可能な正しい結果が与えられたときに, 各ワーカは一定の確率でそれぞれのタスク結果を返すとする. (b) 重み付け多数決のもととなるモデルでは, 観測不可能な正しい結果が与えられたとき, 観測可能なワーカの能力に応じて各ワーカは結果を返すとする. (c)Dawid と Skene のモデルでは, 観測不可能な正しい結果と, 同じく観測不可能なワーカの能力 (混同行列) に応じて, 各ワーカは結果を返すとする.

我々が直接観測できない正しいタスク結果を「その背後に存在する見えない場合分け」としてモデル化できる (図 3.10).「見えない場合分け」の単純な例としては, (観測できない) 正解がイチゴの場合にはワーカが正しく回答する確率は 0.8 であり, リンゴの場合は正しく回答する確率は 0.5 である, といったものがある. ただし, 何が観測可能かはモデルに依存する. 例えば, この確率が外から観測可能であるとは限らない.

観測できる結果が, どのような要因で決定されるかを表したモデ

ルを**データ生成モデル**と呼ぶ．このようなデータ生成モデルを作れ
ば，そのモデルが正しいと仮定した世界で「観測されたタスク結果
から考えて，観測できない正しいタスク結果はどの値であると判断
するのがもっともらしいか」を求めることができる．この「もっと
もらしさ」は統計学において尤度と呼ばれる．

　データ生成モデルにおいて，観測できない正しいタスク結果と，
観測できるワーカのタスク結果以外に，どのような要因[8]を考慮す
るかによって，様々な集約方法が導かれる．

- **単純多数決**：単純多数決は最も単純なデータ生成モデルに基づ
  く（図 3.10(a)）．すなわち，もととなるデータとしてタスクの
  正しい答え（観測できない）だけがあり，それに基づいてワー
  カは回答（観測可能）を行っているというモデルである．ここ
  で，ワーカ全員について，正解を与える確率が同じとする．そ
  のとき，ワーカ数を増やしたときに単純多数決の結果が正しい
  回答に収束する条件は，各ワーカの正解率が 0.5 より大きなこ
  とである [67, 69]．3 択以上の選択肢の場合に正解率が 0.5 以下
  の場合でも多数決で正しい答えを得られることもあるが，その
  ためには回答の選択肢の出現確率を事前に知っていることが必
  要になる [66]．

- **重み付き多数決**：単純多数決を導くデータ生成モデルは少し世
  界を単純化しすぎたかもしれない．実際にはワーカごとに能
  力が異なり，結果として正解率も異なるだろう．表 3.4 のタス
  ク 2 では回答が 2 対 2 で割れている．では，図 3.10(b) のよう
  に，個別ワーカの正解率が与えられる（観測可能である）とい

---

[8] 見えない要因は，モデル中で**潜在変数**として表現される．特に見えない場合分けが
要因になる場合は，その変数は**カテゴリカル潜在変数**と呼ばれる．

うデータ生成モデルではどうだろう？　この場合，タスク2の正しい答えはイチゴと考えるのが自然である．このモデルは，もととなるデータとしてある正しい答え（観察不可能）と観察可能な各ワーカ w_j の正解率 p_j があり，これらに基づいて，観察可能な回答が得られるというモデルである．2択の問題で回答が出現する確率に偏りがない場合には，各選択肢の票は，それに投票したワーカの重み $\log \dfrac{p_j}{1 - p_j}$ を掛けて票数を計算すればよい [17, 78]．より一般の N 択の場合についても論文 [66]で議論されている．

- **Dawid と Skene の手法**：では，ワーカの正解率が観測不可能な場合にはどうすればよいのだろうか．Dawid と Skene の手法（図 3.10(c)）[32] は，もともとは複数の医者の判定から最終的な判定をどうすればよいかという文脈で考案されたものであるが，クラウドソーシングでも利用されている．このモデルでは，観測不可能な値として，正しいタスク結果とワーカの品質をおく．ここでのワーカの品質は，単なる正解率ではなく，より詳しい混同行列（図 3.5）として表現される．この問題の解は解析的に求めることができないため，反復法を用いて数値計算を行う EM アルゴリズムを用いて計算する．

Dawid と Skene の手法では，タスク結果だけでなく，（観測できない）ワーカの混同行列も同時に計算することに注目してほしい．したがって，この手法では，ワーカの品質を計測するために専用のテスト問題を用意する必要がない．つまり，ワーカの品質推定のためだけの特別なコストをかける必要がない．しかし，この手法では「正しい結果は他人と一致し，他の人と違う振る舞いをする人は間違っている」ということになる．なぜなら，ワーカの品質が観測不

可能であるため，反復の初期では多数決解が「正しいタスク結果」として推定されるからである．したがって，多くの人が同じ間違いを犯すような状況ではうまくいかないことに注意する必要がある．

　Dawid と Skene の手法をクラウドソーシングに適用することが提案されて以降，同様の考え方でより様々な観察できない要因を導入したモデルに基づく手法が研究者により提案されてきた．例えば，各タスクの難易度を見えない要因としてモデル化した手法[116]や，ワーカの自己評価の正確さを見えない要因としたモデル[92]が提案されている．

タスク数の削減

　タスクの処理を同時にではなく，順に行っていく場合には，いくつかのタスクの処理を省略できる可能性がある．例えば3人で多数決を行った結果が欲しいとき，すでに2人が同じタスク結果を返している場合には，3人目がタスクを行わずとも結果が決まる．論文[93, 94]では，より一般的な状況における処理の戦略を議論している．

他の集約手法

　潜在クラスモデルに基づく手法以外にも，集約手法は色々考えられるが，集約による品質向上には常にコストがかかる．例えば，複数のワーカにタスクを行ってもらう際，GWAP のような調整型のゲームを導入する場合を考えよう．ただしここでは，ESP ゲームのようにたくさんのタグを入手するのが目的ではなく，最終的にタスク結果の集約を行い，一致した回答だけを成果として採用するのである．つまり，調整ゲームを用いて正しい回答をするインセンティブを与えるというものであるが，この場合はやはり追加のコストを払うことになる．さらに一般的なタスク結果の集約の例としては，

個々では必ずしも高品質の結果が得られるのが難しい場合に多人数による**集合知**を用いてより良い結果を得ようとする場合がある[9]. これも，本来は一人のワーカをリクルートして正しく回答してくれればそれに越したことはないが，品質向上のために複数のワーカによる作業を行うという追加のコストを払っているといえる.

タスク結果の集約を行うために重要なことは，それぞれの集約方法が成立するための仮定が存在することである[10]. 例えば，先に書いたように，単純多数決がうまくいくためにはワーカの平均の正解率が 0.5 よりも大きくなければならない. 多くの手法では，各ワーカが談合せず独立して回答することを仮定している. 手法に応じて，スパムワーカの除去や適切なワーカの選択，インセンティブ設計などと組み合わせて利用する必要がある.

文の翻訳タスクや，文章作成といったタスクでは，品質の高いタスクの結果が一致しない確率が非常に高い. このような場合には，一つの方法として，その結果を集約する作業を行うためのタスクを別途用意するといった方法が考えられる. 別の方法としては，Amazon の商品レビューのように，「役に立った」などを付けるタスクをさらに追加して，タスク結果の中から良いものを選択するというアプローチがある. 後者のような状況において結果の品質を統計的に推定する手法についても研究が行われている [13].

---

[9] 有名な例として「瓶の中のジェリービーンズ」の数を当てるには，ほとんどすべての個人の意見よりも，集団の意見の平均の方が正確である [110]，という研究結果がある. ただし，筆者が厳密でない「お試し」を何度か試みた範囲では，良い結果を得たことがない. 汎用の仕組みとして利用するのは難しそうである.

[10] あらゆるタスク結果集約の理論は前提となる仮定が存在するので気を付ける必要がある.

3.4.4 逐次タスクによる品質改善

逐次タスクを用いた方法（図3.9(b)）では，最初のタスク結果を確認したり修正するタスクを行う．すなわち，上司が部下の仕事ぶりを見て修正したり，差し戻したりといった作業を行うのである．一般に，新しいことをするよりも修正の方が楽なことが多いので，よほどタスクが簡単で，非常に低単価で多くのワーカが引き受けてくれるのでなければ，逐次タスクを用いた方法は重要な選択肢となる．

逐次タスクによる品質向上は，複数のタスク結果の集約を行う並列タスクを用いた場合と比較して，全体的に品質向上に優れる傾向にある．一方で，最初のタスク結果に影響されることが多いため，より良い結果に多様性が必要とされるようなブレインストーミングのようなタスク（例えば，会社の業務内容から会社名を考えるようなタスク）には必ずしも向いていないこと，また，画像中の文章のテキスト化を行うようなタスクでは，間違った結果がもっともらしく見えると，その結果に引きずられて正しい結果にならないことがあるということが報告されている [76]．

逐次タスクのデータフローで考えなければならない問題の一つに，確認と修正を繰り返し続けるときに，その上位タスクを何段階行うかというものがある（図3.11）．この問題については，いくつかの研究が進められている．

論文 [29] では，あるタスク結果 A と，その結果に基づく修正タスクの結果 A' があるとき，さらに追加の修正タスクを行うかどうかの確認として他のワーカによる A と A' への投票を使うことを考える．彼らが解く問題は，これらの結果から，(1) さらに追加の修正タスクをすべきか，(2) 追加のタスクをせずに終わるべきか，(3) もしくはさらなる投票を求めるべきか，を決定することである．彼

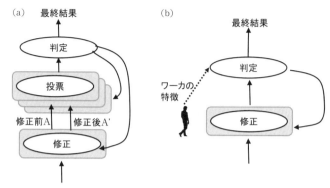

図3.11　追加の確認・修正タスクが必要か判定する二つの方法. (a) 修正前後の結果に対する投票を利用する方法 [29]. (b) タスク結果とワーカの特徴を利用する方法 [42].

らは，この問題を**部分観測マルコフ決定過程**（partially observable Markov decision process）として定式化している．部分観測マルコフ決定過程とは，現在の状態（この場合には，現在のタスク結果が最終結果にふさわしい品質であるか否か）が完全には（確率分布としてしか）わからないとの仮定の下で，各時点での次の行動（修正するか，最終結果とするか，さらに投票するか）のポリシーを学習するためのモデルである．論文 [42] では，確認・修正タスクが必要か否かの決定に他のワーカの投票を利用するのではなく，システムがワーカとそのタスク結果の特徴（作業履歴やタスク結果の中にあるスペルミス等）を見て，確認作業が必要かどうかを判断し，もし必要であればより品質の高いワーカに確認タスクを依頼する，という枠組みを提案している．

　2.2.3項で説明したFind-Fix-Verifyパターンも，逐次タスクを用いて品質改善を行うためのデータフローの一つである．ただし，そこでは単一の確認・修正タスクではなく，複数種類のサブタスク（Find, Fix, Verify タスク）が逐次的に行われる．タスク報酬のた

めの全体予算が決まっている場合に，より良い品質の結果を得るための各タスクへの予算配分問題についても，部分観測マルコフ決定過程としてモデル化する研究が進められている [51].

3.5　コストと時間

3.5.1　コストと時間のトレードオフ

　コスト（および時間）と品質の間以外のトレードオフとしては，コストと時間の間のトレードオフがある.

コストを犠牲にして時間を短くする

　時間を短くするための第一の手段は，タスクの報酬を単純に上げることである．単価を上げるとワーカがより多くのタスクを行うため，大量のタスクがより早く完了する一方で，品質は必ずしも上がらないことがわかっている [82]．品質に違いが出ない理由は，最初に提示された金額が判断の基準となる**アンカリング効果**の影響であると推測されている．すなわち，その報酬でのタスクを引き受けた時点で，そのタスクは「その値段にふさわしい仕事である」とワーカが考えるため，タスクに取り組む姿勢が金額に左右されないのである.

　第二の手段は，タスク分割の際にタスクの依存関係を減らすように分割し，数多くのタスクが同時に処理できるように，実行計画の並列性を上げることである．例えば，複数の文を翻訳するときに，1 文ずつ翻訳するタスクを順次発行し，一つ終わるたびにこれまでの結果を見せながら次の文を翻訳するタスクを発行するのではなく，すべてのタスクを同時に発行して多数のワーカに並列して作業をしてもらい，その後，つじつまをあわせるための統合タスクを行うといったことが考えられる．これは常に可能な手段ではないが，

タスクの結果に依存関係がないなどの特別な場合には，品質を変えずに，またコストも増やさずに時間だけを短くできる可能性がある．

　並列性を上げる際の注意点は，タスクを行う人数は無限でないことである．並列性を上げた後，実際に時間がどれぐらい短くなるかは，タスクを行う人がどれぐらい存在するかに依存する．

時間を犠牲にしてコストを下げる

　上とは逆に，単純にタスクの報酬を下げれば，ワーカがそのタスクを行うペースが下がる．値段はどこまでも下げてよいわけではなく，一般にはどこかでタスクが行われなくなってしまうが，面白いのは，2.4.1 項で説明したように，タスクの割当て単位を十分に小さくすれば，piggyback 等の方法で，何かのついでにやってもらえる場合があることである．しかし，タスクの割当て単位を小さくした場合は，その分タスク数が増加するため，これも終了までの時間が長くなる要因となる．

3.5.2　価格の動的な配分変更

　タスクの報酬金額と時間の関係を利用して，データフローの進捗制御を行うことができる．2.2 節で説明したように，クラウドソーシングのタスクは必ずしも一つだけが独立して存在するわけではなく，しばしばデータフローの中で関連している．このような場合，個々のタスクの割当てを考えるだけでなく，データフロー全体の進捗状況を考えた割当てが必要な場合がある．

　例えば，図 3.12 のデータフローにおいては二つのタスクが関連している．第一のタスクは画像へのタグ付けであり，第二のタスクは付けられたタグの確認である．ここで，第一のタスクでタグ付け

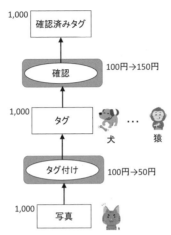

図 3.12　データフロー中の複数タスクの支払い価格を変更して，全体として滞りのないようにする．第一のタスク（タグ付け）がほぼ終了しているときに，第二のタスク（確認）が滞っている場合は，第一タスクの報酬を下げ，第二タスクの報酬を上げるとよい．

が行われるたびに，第二のタスクが発行される状況を考える（このように，前段階の作業が一つ終わるたびに流れ作業的に行う処理は，一般に**パイプライン処理**と呼ばれる）．この状況においては，タスクの難易度やワーカの状況などによって，これらのタスクの作業は必ずしも同じペースでは行われないことは想像がつくであろう．しかし，タスクの支払い価格を状況に応じて動的に変更することによって，全体に滞りなく早くすべてのタスクを終了することができるのである．論文 [88] では，報酬の動的な変更によって，報酬の総額を増やすことなく平均 2 倍程度の早さで全体が終了する場合もあることが示されている．

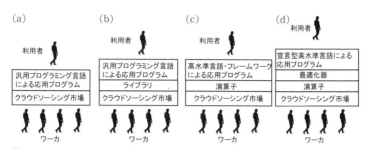

(a)　利用者

| 汎用プログラミング言語による応用プログラム |
| クラウドソーシング市場 |

ワーカ

(b)　利用者

| 汎用プログラミング言語による応用プログラム |
| ライブラリ |
| クラウドソーシング市場 |

ワーカ

(c)　利用者

| 高水準言語・フレームワークによる応用プログラム |
| 演算子 |
| クラウドソーシング市場 |

ワーカ

(d)　利用者

| 宣言型高水準言語による応用プログラム |
| 最適化器 |
| 演算子 |
| クラウドソーシング市場 |

ワーカ

図 3.13　クラウドソーシングシステム開発におけるソフトウェア階層の分類．左から右にむかって高度になる．(a) API を通じたクラウドソーシング市場サービスの直接利用，(b) ライブラリによる高度機能の提供，(c) 高水準言語・フレームワークによる開発支援，(d) 宣言型高水準言語によるクラウドソーシングのプログラムの記述．

3.6　クラウドソーシング市場を超えて

Amazon Mechanical Turk 等，商用のクラウドソーシングサービスの多くは，タスクとワーカを結びつける「クラウドソーシング市場」を提供している．その上に複雑なクラウドソーシングを実装するためには，応用プログラムから，タスクの登録，タスク結果の入手と行った機能を API を通じて利用する．しかし，このような API を通じた開発は大変な労力がかかる．本書でこれまで説明したようなクラウドソーシングの構成要素や，設計のための知見を自ら実装しなければならないからである．したがって，単なるクラウドソーシング市場を超えた機能を提供してこれらを開発者自らが行わなくても済むようにし，効率的な開発を実現するための**開発支援ツール**の研究がこれまで進められてきている．

3.6.1　クラウドソーシングシステムの開発とソフトウェア階層

クラウドソーシングシステム開発におけるソフトウェア階層を，単純なものから順に説明する（図 3.13）．

(a)　クラウドソーシング市場が提供する API の直接利用

　汎用プログラムから直接 API を利用して,タスクの登録やタスク結果のダウンロードなどを行う.

(b)　高度機能を提供するライブラリの提供

　API 提供の次の段階としては,複雑なヒューマンコンピュテーション応用のためのプログラムを実装するための高度な機能を用意した**ライブラリ**(library)を用意することがある.これにより,複雑なクラウドソーシングのプログラミングに現れる頻出パターンの実装が容易になる.例えば,MIT が開発した TurKit[76] と呼ばれるライブラリでは,ソフトウェアがクラッシュして再実行する際に,タスク結果のキャッシュを残しておくことにより,同じタスクを何度も実行する必要をなくしている.

(c)　高水準言語・フレームワークによる開発支援

　クラウドソーシングシステムにかかわらず,プログラミングを困難にする原因の一つは,行いたいことの本質とは直接関係ない詳細を応用プログラムで記述しなければならないことである.例えば,タスクを委託するのに,タスクを記述したファイルをシステムにアップロードするといったことは,目的とは直接関係のない事項であるといえる.これらを記述せずに,より本質的な内容だけを記述すればよい.**高水準記述**が可能になれば,より容易なシステム開発が可能になる.

　特定目的のクラウドソーシングに限定するならば,**フレームワーク**(framework)を用意し,各種パラメータの設定などを行うことにより,クラウドソーシングシステムの構築が可能になる.例えば,oTree[24] では,行動研究に役立つクラウドソーシングのためのタスク作成の支援を行っており,Zooniverse[105] では画像への

タグ付け等のシチズンサイエンスのためのタスクの作成支援を行っている．PyBossa[2] では，いくつかのパターンのクラウドソーシングについて，タスクのテンプレートをはじめとする様々な機能を提供している．

より複雑なクラウドソーシングシステムの容易な開発を可能とする**高水準言語**の研究も始まっている．それらの高水準言語では，詳細の記述を書かずに，本質的なタスクの内容やデータの流れだけを書くことが一般的である．高水準言語で書かれた記述の中で含まれている**演算子**[11] が示す演算は，プラットフォーム上に実装されており，そのまま実行可能である．これらの演算は，データベースシステムで利用されるような選択演算や結合演算などに，ヒューマンコンピュテーションを組み込んだ「ヒューマン・イン・ザ・ループ」演算（2.2.3 項）となる．

(d) 宣言型高水準言語による開発支援

高水準言語の中でも，特に抽象度を高めた言語の一つが**宣言型高水準言語**（declarative high-level languages）である．宣言型高水準言語とは，作業手順ではなく何をしたいかを記述する言語である．一般に，同じことを行う作業手順は複数あることに注意してほしい．つまり，クラウドソーシングでやりたいことが宣言型高水準言語で記述されている場合，記述した内容を実現する実行計画は，複数存在しうることになる．

したがって，宣言型高水準記述を実行する**宣言型システム**（declarative system）では，与えられた宣言的高水準記述と，その処理を実現する実行計画の分離が可能になる．すなわち，与えられた記述を最も効率良く実現する実行計画をシステムが選択するこ

---

[11] 演算を表す記号．

とができるようになるのである．実際，3.6.3 項で説明するように，いくつかのシステムでは適切な実行計画を選択する（最適化を行う）**最適化器**（optimizer）の研究が行われている．

3.6.2　クラウドソーシングの高水準記述

ソフトウェア開発においては，Java や Python といった様々な**高水準言語**がこれまで作られてきた．これらの高水準言語を利用することにより，効率良いソフトウェア開発が可能になっている．クラウドソーシングシステムの開発についても同様である．特に，複数種類のタスクを組み合わせて構成される「複雑なクラウドソーシング」を効率良く開発するためには，クラウドソーシングの処理を抽象度の高いレベルで記述できる言語の重要性が高くなる．

人の流動性が高いことを前提としたクラウドソーシングの処理を記述するための高水準言語を持つということは，単なるクラウドソーシングシステムの開発効率の向上だけではなく，人々とコンピュータによる分業という視点からは，これらを組み合わせて問題を解くための方法を曖昧性なく明確に記述した**形式知**を持つ手段を，我々が手に入れることにもなる．高水準言語による分業記述は，次のような点で，分業を高度化するための枠組みとして意義があることと考えられる．

- **コミュニケーションコストの低減**：必要なすべての人的作業とフローを明らかにする必要があるため，明文化されていない知識の伝達などの本質的でないコミュニケーションが作業時に不要となる．
- **仕事の継承**：同様の理由で，人の流動性が高いような組織であっても，きちんと仕事を継承し，継続して仕事をこなすことが容易

(a)

(b)

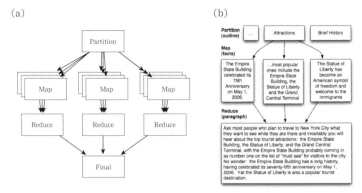

図 3.14　(a) CrowdForge の抽象モデルでは，複雑なクラウドソーシングを，3 種類の
タスク (Partition, Map, Reduce) のタスクの集まりとモデル化する．(b) このモデルに
基づいてタスク分割し，ニューヨークの紹介記事を作成した結果の一部 [61]

になる．これはクラウドソーシングが人の高い流動性を前提とし
ていることから当然の帰結である．

• **より良い実行計画の自動生成**：特に宣言型の高水準言語の場合，
記述された処理を実際に行う詳細な実行計画は一般に複数考えら
れる．与えられた記述から実行計画を複数生成し，より望ましい
と思われる実行計画を選ぶという研究がデータベース分野で数多
く行われている．

　現時点で，クラウドソーシングの処理を記述するための高水準言
語については，決定版は存在しておらず，研究者が様々な可能性を
模索しているという状態である．ここにいくつか紹介しておこう．

Partition-Map-Reduce による記述

　図 3.14(a) は，CMU で開発した CrowdForge [61] による複雑な
クラウドソーシングの記述のための抽象モデルである．Crowd-
Forge では，並列計算分野で利用されている MapReduce にヒント

を得て，複雑なクラウドソーシングを3種類のタスク（Partition，Map，Reduce）のタスクの集まりとモデル化する．ニューヨーク（NYC）に関する記事の作成（図3.14(b)）を例に説明しよう．

- **Partition タスク**：大きなタスクを小さく分割するためのタスク．NYCに関する記事を書くための Partition タスクでは，記事の項目（例えば Attractions や Brief History）をワーカに列挙してもらう．
- **Map タスク**：1名以上のワーカによって処理される小さなタスク．NYC記事のための Map タスクでは，上で入手した各項目ごとに，複数の事実を集める．
- **Reduce タスク**：複数のワーカによる処理の結果をまとめるためのタスク．NYC記事のための Reduce タスクでは，Map タスクで集めた各事実を集約した段落の記述をワーカに依頼する．

制御・データのフローによる記述

CrowdLang [87] は，データ・制御の流れを記述したフローとしてクラウドソーシングを記述する高水準言語である．基本的な演算子やこれらを組み合わせる仕組みが用意されており，様々なパターンが定義されている．

図3.15は，重複タスクを並列に投げて，それらの結果を集めるフローのパターンがある（論文 [87] ではこのパターンを Collection パターンと呼んでいる）．図中で，Pと書かれたノードは**問題記述**（problem statement），角丸長方形はタスク，{S} と書かれたノードはタスクの結果，プラス記号の菱形ノードはデータの複製および収集の作業を表す演算子である．

CrowdLang では他にも，これらの演算子を組み合わせて，Con-

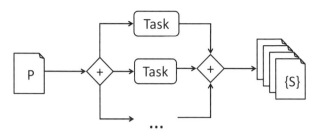

図 3.15 CrowdLang による記述例.

test（複数の結果の中から良いものを選び出す），Iterative Collaboration（逐次ワークフローによりタスクを繰り返して改善していく）等といった様々なクラウドソーシングのパターンを記述する.

SQL による記述

データベース分野でよく利用されている SQL を利用して，複雑なクラウドソーシングを記述するという研究も活発に行われている．例えば，レビューで高評価な（rating が 4 以上の）レストランの名前と住所を求める問題を考える．もし，すべての情報がすでにリレーショナルデータベースに入っているならば，次のような SQL で結果を得ることができるであろう.

```
Select name, address From Restaurant Where rating > 4
```

しかし，すべての情報がデータベースに入っておらず，情報を集めるためにはマイクロタスクを発行しないといけないという状況を考えよう．このためには，最終結果を返すような，複数のタスクを含む実行計画を考えなければならない.

スタンフォード大学で開発された Deco [95] は，このような問題を扱うシステムの一例である．Deco のポイントは，実行計画で発

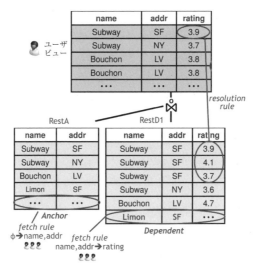

図3.16　Dccoのデータモデル（[95] より抜粋）．Deco では，利用者が与えた2種類のルール (Fetch Rule と Resolution Rule) を用いて，SQL 問合せから参照するユーザビューテーブル（上）を構築する．具体的には，Fetch Rule ごとにテーブルを作成し（下），それらを結合したものがユーザビューとなる．結合の際に生じるデータ間の不整合は，Resolution Rule によって解決する．

行するタスクの結果と，SQL 問合せの対象となるテーブル（ユーザビューと呼ばれる）を結びつけるデータモデルにある（図3.16）．

　Deco を利用してクラウドソーシングを行うためには，あらかじめ2種類のルールを与えておく必要がある．第一のルールは **Fetch Rule** と呼ばれ，実行計画中で発行可能なタスクの内容を表したものである．Fetch Rule は，タスクの中で何を表示するとワーカが何を入力できるのか，を記述するものであり，「タスクに表示するデータ → それを見てワーカが入力できるデータ」という形式で記述する．Fetch Rule の記述は，大きく二つのケースに分けることができる．

1. **左辺に具体的なデータが書かれるケース**：例えば，`name`，`addr -> rating` という記述によって，タスクの中でレストランの名前（`name`）と住所（`addr`）を見せると，その評価（`rating`）をワーカが入力できるということを表している[12]．

2. **左辺に具体的なデータが書かれないケース**：`φ -> name`，`addr` は，他のデータを見せずに（例えば，「レストランの名前と住所を教えてください」という質問文で），レストランの名前（`name`）と住所（`addr`）を入力できる，ということを表している．ここで，ϕ は空集合を表す記号である．

これらの Fetch Rule で得られた結果は，それぞれルールごとに作られるテーブルの値となる（図3.16（下））．

第二のルールは **Resolution Rule** と呼ばれ，複数のワーカから異なる入力が与えられたときに，その入力をどのように統合するのかを記述する．例えば，`rating` の平均をとる等である．これは，Fetch Rule から作られたテーブルを結合してユーザビューテーブル（図3.16（上））を作成する際，複数のタスク結果を統合するために利用される．

Deco では，以上の2種類のルールによるユーザビューテーブルの定義と，それを対象とした SQL 問合せを組み合わせたものが，クラウドソーシングシステムの記述ということになる．この記述からどうやって実行計画を生成するかは，3.6.3項で説明する．

論理ルールによる記述

論理ルールを用いてクラウドソーシングを記述する研究も存在する．CyLog（図3.17）はクラウドソーシング記述のために設計され

---

[12] これはデータベース理論における多値従属性という概念と関連している．

```
Rules:
    RestD1(name, addr, rating, p)/open[p]
        <- RestA(name, addr), Worker(pid:p);
    Agreed(name, addr, rating)
        <- RestD1(name, attr, rating, p:p1),
           RestD1(name, attr, rating, p:p2), p1!=p2;
Games:
    g1(name){ // name 単位でインセンティブ構造を定義する.
        /* 行動表 (Path) に, ワーカの行動を記録する */
        Path(action:[name, addr, rating], player:p)
          <- RestD1(name, addr, rating, p);
        /* 別人である P1 と P2 が同じ行動をとったとき双方に加点される */
        Payoff[p1+=1, p2+=1]
          <- Path(action, player:p1),
             Path(action, player:p2), p1!=p2
    }
```

図 3.17　CyLog コードでレストランの評価を入力するプログラムを記述した例.
Deco の例と違い，他人と同じ行動をとると報酬 (Payoff) が増えるインセンティブ
構造が記述されている.

た論理型プログラミング言語であり，複雑なクラウドソーシングシ
ステムを論理ルールとインセンティブ構造の組み合わせで記述す
る[13].

• **論理ルール（Rules 節）**：リレーション間の関係を論理ルールの
　形で記述する．CyLog の特徴は，Prolog 等の論理型言語と異な
　り，リレーション（Prolog では述語と呼ばれる）の評価が，計
　算機だけでできなくてもよいことである．これは，リレーショ
　ン名の後ろに/open を付けることにより指定される．/open がつ
　いたリレーションは，Deco の Fetch Rule と似た働きをする．す

---

[13]　CyLog のインセンティブ構造記述を説明するため，Deco の例とは少し内容が異な
っている.

なわち，タスク中で何を表示して人間に何を入力してもらうかが書かれており，入力結果はリレーションに保存される．例えば，図 3.17 の 1 つ目のルールでは，各レストランの名前と住所を見せて，その店の評価（rating）を，ワーカが入力することが記述されている．

- **インセンティブ構造（Games 節）**：ワーカの行動に対して，どのように報酬を与えるかを記述する．本書では詳細は省略するが，図 3.17 の例では，他人と同じ評価を与えたときに報酬が与えられるということが指定されている [90]．

CyLog のポイントは，(1) 人による処理と機械による処理を統一して記述できることと，(2) インセンティブ構造が，ワーカのデータ入力に影響を与えるだけでなく，機械によるルールの評価順序にも影響を与えることができることである．すなわち，解を見つけるために，論理では説明が難しい人間の知を利用した効率的なプログラム実行が可能になるのである．さらに，インセンティブ構造とロジックを分離することにより，ゲーム理論等を利用したプログラムの検証が容易になる [90]．

スプレッドシートによる記述

プログラミングを行わない人であってもスプレッドシート（表計算ソフト）は使えるという人は多い．CrowdSheet[107, 108] ではスプレッドシートを用いて複雑なクラウドソーシングを記述できる．CrowdSheet では，EXCEL 等のスプレッドシートで提供されている SUM などの関数と同様に，スプレッドシートのセルに記述可能な，マイクロタスクを発行するための関数（タスク発行関数）が用意されている．タスク発行関数では，他のセルに書かれた値を利用してタスク中の質問文などをカスタマイズできる．セルにタ

スク発行関数を記述すると，マイクロタスクが自動的に生成され，Amazon Mechanical Turk 等のクラウドソーシングサービスに登録される．登録されたタスクの処理が行われて結果が得られると，タスク発行関数の結果がスプレッドシートのセルに自動的に挿入される．

このように，CrowdSheet ではスプレッドシート上での処理とマイクロタスクによる処理が融合されており，複数のマイクロタスクを組み合わせた複雑なクラウドソーシングを誰でも容易に記述できる [107]．CrowdSheet によるクラウドソーシング記述は宣言型であり，タスク発行の際には，重複タスク発行によるデータ品質の向上などの実行計画が自動的に作成され，ユーザに提案される．

3.6.3　実行計画の自動生成と最適化

宣言型高水準言語によるクラウドソーシング記述においては，最終結果を求めるための実行計画は複数考えられる．これらの実行計画は，処理の順序や，利用するタスクが異なることによって，3.1節で説明したような様々な尺度（時間，コスト，品質など）に違いが出る．したがって，考えられる実行計画を列挙し，より望ましい実行計画を選択することが望まれるであろう．このような作業は一般に**最適化**（optimization）と呼ばれる[14]．

ここでは，前項と同様に高評価なレストランの名前と住所を取得する問題について，Deco を用いて説明する．図 3.18 は，前項で示したデータモデル（図 3.16）と，次の SQL 問合せが与えられたときに，Deco が作成する実行計画を二つ示したものである．

---

[14] ただし，実際には必ずしも最適とは限らないことが多い．

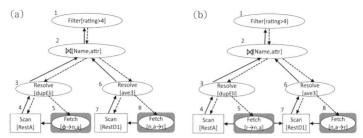

図 3.18 Deco が出力する実行計画の二つの例（[95] より抜粋の上改変し，2 章の実行計画の表記に準じた形式で記述）．中間のデータは省略している．各ノードの番号は本文から参照するためのものである．

```
Select name, address From Restaurant Where rating > 4
```

　ここでは，2 章で説明した実行計画と同じ表記を利用しているが，次の 2 点が異なる．(1) ワークフロー中で生成される中間のデータを省略している．(2) 実線で表されるデータの流れに加えて，点線が追加されている．これは，実行計画の処理時における，データの要求の流れを表している．

　これから説明するように，図 3.18 の実行計画 (a) と実行計画 (b) を比較すると，特定の条件が成立する場合には実行計画 (b) の方がより効率が良い．

　まず，Deco で実行計画がどのように処理されるかを説明する．ルートノード（ノード 1）から開始し，点線で表されたデータの要求に従って，オンデマンドで各ノードの処理が行われる．すなわち，点線矢印の元にあるノードから先にあたるノードに結果の要求が行われ，そのノードは要求された分だけの処理を実行する[15]．　要

---

[15] Deco では，クラウドソーシングの並列性を活用するため複数の処理を一度に要求する [95].

求先が複数ある場合には，同じタイミングでどちらにも要求を行う．では，それぞれの実行計画を見てみよう．

- **実行計画 (a)**：図 3.18(a) は最も基本的な実行計画である．Deco では次のような手順で実行される．最初に最下流（図最上部）のノード1（Filter[rating>4]）から開始する．最終的に欲しいのはこのノード1の結果であるが，もちろんまだ結果は存在しない．したがって，最初に行うことは，ノード1が，一つ前の，結合演算を行うノード2に結果を要求することである．ノード2に結果を要求されてもそこにもまだ結果はないので，ノード2は同様にノード3と6に結果の要求を行う．ここではノード3の続きを追ってみよう．ノード3（Resolve[dupEli]）は複数の同一結果がある場合に重複を削除して結果を返すものである[16]が，同様にここにも結果はない．そのため，さらにノード3は，RestA の表のデータを返す処理ノード4と，RestA の表にデータを入れるためのタスク（Fetch[φ->n,a]）を行うノード5に処理を要求する．ノード5のタスクの結果は，Scan[RestA] ノードに渡される（5から4への実線）．ノード4は，ノード3から要求された RestA のデータをすでに計算機が保持しているか，もしくはノード5からタスク結果が得られた場合に，ノード3にデータを渡す．それをきっかけに，これまで要求が来たノードを逆にたどり，結果が次々と順に下流の（図上部の）ノードに渡されていく．ノード6以下に関しても同様に行い，最終的にノード1の結果が得られる．

---

[16] dupEli は，Resolution Rule の名前の一つであり，**重複削除**（duplicate elimination）を表す．

- **実行計画 (b)**：図 3.18(b) は，同じ結果をもたらす別の実行計画である．実行計画 (a) では，ノード 5 のタスクで rating が 4 未満のレストランも入力される可能性があった．もし，rating が 4 以上のレストランが少ないのであれば，最初から，rating が 4 以上のレストランを入力してもらうと，大幅にタスク数を削減できるだろう．Deco では，このアイデアに基づく実行計画の導出ルールが定義されており，実行計画 (b) はそれを利用して作成されたものである．実行計画 (a) と同様の手順で実行するが，異なる点がいくつかある．まず，この実行計画 (b) のノード 5 のタスク (Fetch[r->n,a]) では，4 以上の rating のレストラン名と住所を直接求めるタスクを発行する．また，その結果は RestA と RestD1 のどちらのテーブルにも提供される（ノード 5 からノード 4,7 に向かう実線）．つまり，タスク結果は，新しいレストランの追加 (RestA) と rating の追加 (RestD1) のどちらにも使われることになる．以上の結果，実行計画 (b) では，より少ないタスク数で結果を得ることが可能になる．

　以上の例のように，同等の結果をもたらすと考えられる複数の実行計画を列挙し，より良い実行計画を選択するという研究が進められている．これは，伝統的にデータベースシステム分野で行われてきたものであり，そこでの技法が一部適用可能である．例えば，データベースの最適化においてよく利用される規則の一つに，データの選択はより早いうちに行った方が実行計画のコストが小さくなる，というものがあるが，このような考え方は，クラウドソーシングの実行計画の最適化においても利用可能である．

　しかし，それを行うためには，より良い実行計画を求めるのに先

立って，異なる作業間の関係（例えば，特定の作業より前に，選択作業を行っても，結果は変わらない）を表す変換規則がわかっていることが必要となる．これらの変換規則を得るための鍵は，タスクの作業内容にまで踏み込んだモデル化である．例えば，Decoでは，Fetch Rules の形で表される作業を対象にすることにより，n,a->r で表されるタスク（示されたレストランの rating を入力するタスク）を，r-> n,a で表されるタスク（rating が 4 以上のレストランを入力するタスク）に変換可能という規則を利用して別の実行計画を構築している．このような，作業の内容に踏み込んだモデル化の他の例としては，提示した値に関して Yes/No で答えられる作業を表す **Closed Question** と，新たな値を明示的に追加する作業を表す **Open Question** の 2 種類を考え，これらの関係を利用するといったものがある [10]．

　このように，クラウドソーシングシステムの最適化に，データベースシステム分野の知見を活用することは自然なアイデアである．しかし，異なる能力と品質のワーカが大量に存在するという状況での実行計画の最適化については，可能な実行計画の列挙やコスト，品質，実行時間の見積もりが簡単でないことが多く，さらなる研究が期待される．

Box 8　ブロックチェーンとクラウドソーシング

ブロックチェーンとは日本語では「分散型台帳」とも呼ばれる概念で，仲介者に頼らずにデータの信用を担保する技術である．ブロックチェーンを利用した有名な例としては 2009 年に登場した仮想通貨ビットコインがあり，国家の後ろ盾なしの通貨を実現して話題となった．

クラウドソーシングを代表とするいわゆる「プラットフォームエコノミー」では，プラットフォーマー（ここではクラウドソーシングサー

ビス業者）が，ワーカのタスクの履歴など，サービスに関するあらゆる情報を管理しており，ワーカの信用の情報を利用者に必要に応じて提供している．この，プラットフォーマーが多くの情報を囲い込む（情報の非対称性と呼ばれる）ことがプラットフォーマーの巨大な力の源となっている．

そこで，ブロックチェーン技術を利用したクラウドソーシングの枠組みを構築しようとする試みが行われている [73, 79]．クラウドソーシングにおいては，タスク結果やワーカ履歴などを扱わなければならないため，これらのシステムでは，データの機密性やワーカの匿名性を扱うための仕組み等が提案されている．産業界においても，すでにクラウドソーシングやシェアリングエコノミーなどの領域でブロックチェーンを用いたサービスの開発が積極的に進められている．

クラウドソーシングにおけるブロックチェーン技術の利用は，このように，中央集権型のサービスでなく分散型のサービスを作ろうとするものであるが，クラウドソーシングに関わるサービスの提供者がすべて不要になるというわけではないことに注意しよう．例えば，高度なタスク分割を行うといった問題は中央集権型であっても分散型であっても存在し，もし誰もができないのであれば，それを行うノウハウや仕組みを持つ人や組織がこれらのサービスを提供する必要がある．また，まだ枯れておらず日進月歩の分野では，中央集権型のサービスの方が向いている可能性がある．しかし，プラットフォーマーがデータをすべて囲い込むことによって不必要に偏ったプラットフォーマーと利用者の力関係を変える手段として，ブロックチェーンは期待できる技術の一つである．

参考文献

[1] L-crowd: インターネットでできる図書館ボランティア. https://crowd4u.org/project/lcrowd.

[2] Pybossa. https://pybossa.com/.

[3] Wikipedia: Expressing thanks. https://en.wikipedia.org/wiki/Wikipedia:Expressing_thanks.

[4] 福島県双葉町の東日本大震災アーカイブズ. http://www.slis.tsukuba.ac.jp/futaba-archives/.

[5] Humans + porn = solved captcha. *Network Security*, Vol. 2007, No. 11, p. 2, 2007.

[6] Freelancing in america:2018, 2018. https://www.upwork.com/i/freelancing-in-america/2018/.

[7] Omar Alonso, Catherine C. Marshall, and Marc Najork. Debugging a crowdsourced task with low inter-rater agreement. In *Proceedings of the 15th ACM/IEEE-CS Joint Conference on Digital Libraries*, JCDL '15, pp. 101–110, New York, NY, USA, 2015. ACM.

[8] Vamshi Ambati, Stephan Vogel, and Jaime G. Carbonell. Towards task recommendation in micro-task markets. In *Human Computation, Papers from the 2011 AAAI Workshop, San Francisco, California, USA, August 8, 2011*, 2011.

[9] Sihem Amer-Yahia and Senjuti Basu Roy. Toward worker-centric crowdsourcing. *IEEE Data Eng. Bull.*, Vol. 39, No. 4, pp. 3–13, 2016.

[10] Yael Amsterdamer and Tova Milo. Foundations of crowd data sourcing. *SIGMOD Record*, Vol. 43, No. 4, pp. 5–14, 2014.

[11] Aris Anagnostopoulos, Luca Becchetti, Carlos Castillo, Aristides Gionis, and Stefano Leonardi. Online team formation in social networks. In *Proceedings of the 21st World Wide Web Conference 2012, WWW 2012, Lyon, France, April* 16-20, 2012, pp. 839–848, 2012.

[12] Masayuki Ashikawa, Takahiro Kawamura, and Akihiko Ohsuga. Crowdsourcing worker development based on probabilistic task network. In *Proceedings of the International Conference on Web Intelligence, Leipzig, Germany, August* 23-26, 2017, pp. 855–862, 2017.

[13] Yukino Baba and Hisashi Kashima. Statistical quality estimation for general crowdsourcing tasks. In *The 19th ACM SIGKDD International Conference on Knowledge Discovery and Data Mining, KDD 2013, Chicago, IL, USA, August* 11-14, 2013, pp. 554–562, 2013.

[14] Yukino Baba, Tomoumi Takase, Kyohei Atarashi, Satoshi Oyama, and Hisashi Kashima. Data analysis competition platform for educational purposes: Lessons learned and future challenges. In *Eighth Symposium on Educational Advances in Artificial Intelligence (EAAI)*, 2018.

[15] Gagan Bansal, Besmira Nushi, Ece Kamar, Daniel S. Weld, Walter S. Lasecki, and Eric Horvitz. Updates in human-ai teams: Understanding and addressing the performance/compatibility tradeoff. In *Proceedings of the Thirty-Third AAAI Conference on Artificial Intelligence, (AAAI-19)*, 2019.

[16] Jeff Barr and Luis Felipe Cabrera. Ai gets a brain. *Queue*, Vol. 4, No. 4, pp. 24:24–24:29, May 2006.

[17] Daniel Berend and Aryeh Kontorovitch. Consistency of weighted majority votes. In Z. Ghahramani, M. Welling, C. Cortes, N.d. Lawrence, and K.q. Weinberger, editors, *Advances in Neural Information Processing Systems* 27, pp. 3446–3454. Curran Asso-

ciates, Inc., 2014.

[18] Michael S. Bernstein, Joel Brandt, Robert C. Miller, and David R. Karger. Crowds in two seconds: enabling realtime crowd-powered interfaces. In *Proceedings of the 24th Annual ACM Symposium on User Interface Software and Technology, Santa Barbara, CA, USA, October* 16-19, 2011, pp. 33–42, 2011.

[19] Michael S. Bernstein, David R. Karger, Robert C. Miller, and Joel Brandt. Analytic methods for optimizing realtime crowdsourcing. *CoRR*, Vol. abs/1204.2995, 2012.

[20] Michael S. Bernstein, Greg Little, Robert C. Miller, Björn Hartmann, Mark S. Ackerman, David R. Karger, David Crowell, and Katrina Panovich. Soylent: A word processor with a crowd inside. *Commun. ACM*, Vol. 58, No. 8, pp. 85–94, July 2015.

[21] Ria Mae Borromeo, Thomas Laurent, Motomichi Toyama, and Sihem Amer-Yahia. Fairness and transparency in crowdsourcing. In *Proceedings of the 20th International Conference on Extending Database Technology, EDBT* 2017, *Venice, Italy, March* 21-24, 2017., pp. 466–469, 2017.

[22] Mary J. Bravo and Hany Farid. The specificity of the search template. *Journal of Vision*, Vol. 9, No. 1, pp. 34:1–34:9, 2009.

[23] Caleb Chen Cao, Jieying She, Yongxin Tong, and Lei Chen. Whom to ask?: Jury selection for decision making tasks on micro-blog services. *Proc. VLDB Endow.*, Vol. 5, No. 11, pp. 1495–1506, July 2012.

[24] Daniel L. Chen, Martin Schonger, and Chris Wickens. otree-an open-source platform for laboratory, online, and field experiments. *Journal of Behavioral and Experimental Finance*, Vol. 9, pp. 88–97, 2016.

[25] Lei Chen and Cyrus Shahabi. Spatial crowdsourcing: Challenges and opportunities. *IEEE Data Eng. Bull.*, Vol. 39, No. 4, pp.

14–25, 2016.

[26] Justin Cheng and Michael S. Bernstein. Flock: Hybrid crowd-machine learning classifiers. In *Proceedings of the* 18*th ACM Conference on Computer Supported Cooperative Work & Social Computing*, CSCW '15, pp. 600–611, New York, NY, USA, 2015. ACM.

[27] Tyler Cowen. *Average Is Over*: *Powering America Beyond the Age of the Great Stagnation*. Penguin Publishing Group, 2013.

[28] Susan P. Crawford and Dana Walters. Citizen-centered governance: The mayor's office of new urban mechanics and the evolution of crm in boston. *Berkman Center Research Publication*, No. 17, pp. 880–894, 2013.

[29] Peng Dai, Mausam, and Daniel S. Weld. Decision-theoretic control of crowd-sourced workflows. In *Proceedings of the Twenty-Fourth AAAI Conference on Artificial Intelligence*, *AAAI* 2010, *Atlanta*, *Georgia*, *USA*, *July* 11-15, 2010, 2010.

[30] Peng Dai, Jeffrey M. Rzeszotarski, Praveen Paritosh, and Ed H. Chi. And now for something completely different: Improving crowdsourcing workflows with micro-diversions. In *Proceedings of the* 18*th ACM Conference on Computer Supported Cooperative Work & Social Computing*, CSCW '15, pp. 628–638, New York, NY, USA, 2015. ACM.

[31] Florian Daniel, Pavel Kucherbaev, Cinzia Cappiello, Boualem Benatallah, and Mohammad Allahbakhsh. Quality control in crowdsourcing: A survey of quality attributes, assessment techniques, and assurance actions. *ACM Comput. Surv.*, Vol. 51, No. 1, pp. 7:1–7:40, January 2018.

[32] A. P. Dawid and A. M. Skene. Maximum likelihood estimation of observer error-rates using the em algorithm. *Journal of the Royal Statistical Society. Series C* (*Applied Statistics*), Vol. 28, No. 1,

pp. 20–28, 1979.

[33] Djellel Eddine Difallah, Elena Filatova, and Panos Ipeirotis. Demographics and dynamics of mechanical turk workers. In *Proceedings of the Eleventh ACM International Conference on Web Search and Data Mining, WSDM* 2018, *Marina Del Rey, CA, USA, February* 5-9, 2018, pp. 135–143, 2018.

[34] Yao-Xiang Ding and Zhi-Hua Zhou. Crowdsourcing with unsure option. *Machine Learning*, Oct 2017.

[35] Anhai Doan, Raghu Ramakrishnan, and Alon Y. Halevy. Crowdsourcing systems on the world-wide web. *Commun. ACM*, Vol. 54, No. 4, pp. 86–96, April 2011.

[36] Steven Dow, Anand Kulkarni, Scott Klemmer, and Björn Hartmann. Shepherding the crowd yields better work. In *Proceedings of the ACM* 2012 *Conference on Computer Supported Cooperative Work*, CSCW '12, pp. 1013–1022, New York, NY, USA, 2012. ACM.

[37] John Duncan and Glyn W. Humphreys. Visual search and stimulus similarity. *Psychological review*, Vol. 96, pp. 433–58, 1989.

[38] Ujwal Gadiraju, Besnik Fetahu, and Ricardo Kawase. Training workers for improving performance in crowdsourcing microtasks. In Gráinne Conole, Tomaž Klobučar, Christoph Rensing, Johannes Konert, and Elise Lavoué, editors, *Design for Teaching and Learning in a Networked World*, pp. 100–114, Cham, 2015. Springer International Publishing.

[39] Ujwal Gadiraju, Besnik Fetahu, Ricardo Kawase, Patrick Siehndel, and Stefan Dietze. Using worker self-assessments for competence-based pre-selection in crowdsourcing microtasks. *ACM Trans. Comput.-Hum. Interact.*, Vol. 24, No. 4, pp. 30:1–30:26, August 2017.

[40] D. George, W. Lehrach, K. Kansky, M. Lázaro-Gredilla, C. Laan, B. Marthi, X. Lou, Z. Meng, Y. Liu, H. Wang, A. Lavin, and

D. S. Phoenix. A generative vision model that trains with high data efficiency and breaks text-based captchas. *Science*, 2017.

[41] Mary L. Gray, Siddharth Suri, Syed Shoaib Ali, and Deepti Kulkarni. The crowd is a collaborative network. In *Proceedings of the 19th ACM Conference on Computer-Supported Cooperative Work & Social Computing, CSCW 2016, San Francisco, CA, USA, February 27-March 2, 2016*, pp. 134–147, 2016.

[42] Daniel Haas, Jason Ansel, Lydia Gu, and Adam Marcus. Argonaut: Macrotask crowdsourcing for complex data processing. *Proc. VLDB Endow.*, Vol. 8, No. 12, pp. 1642–1653, August 2015.

[43] Hirotaka Hashimoto, Masaki Matsubara, Yuhki Shiraishi, Daisuke Wakatsuki, Jianwei Zhang, and Atsuyuki Morishima. A task assignment method considering inclusiveness and activity degree. In *IEEE Workshop on Human-in-the-loop Methods and Human Machine Collaboration in BigData*, pp. 3497–3502, 2018.

[44] Kenji Hata, Ranjay Krishna, Li Fei-Fei, and Michael S. Bernstein. A glimpse far into the future: Understanding long-term crowd worker quality. In *Proceedings of the 2017 ACM Conference on Computer Supported Cooperative Work and Social Computing*, CSCW '17, pp. 889–901, New York, NY, USA, 2017. ACM.

[45] Kurtis Heimerl, Brian Gawalt, Kuang Chen, Tapan S. Parikh, and Björn Hartmann. Communitysourcing: engaging local crowds to perform expert work via physical kiosks. In *CHI Conference on Human Factors in Computing Systems, CHI '12, Austin, TX, USA - May 05-10, 2012*, pp. 1539–1548, 2012.

[46] Joseph M. Hellerstein and David L. Tennenhouse. Searching for jim gray: a technical overview. *Commun. ACM*, Vol. 54, No. 7, pp. 77–87, 2011.

[47] Kosetsu Ikeda, Atsuyuki Morishima, Habibur Rahman, Senjuti Basu Roy, Saravanan Thirumuruganathan, Sihem Amer-

Yahia, and Gautam Das. Collaborative crowdsourcing with crowd4u. *PVLDB*, Vol. 9, No. 13, pp. 1497–1500, 2016.

[48] Flavia Fulco, Munenari Inoguchi, and Tomoya Mikami. Cyber-Physical Disaster Drill: Preliminary Results and Social Challenges of the First Attempts to Unify Human, ICT and AI in Disaster Response. In *The second IEEE workshop on Human-in-the-loop Methods and Human Machine Collaboration in BigData*, pp. 3494–3496, 2018.

[49] Panagiotis G. Ipeirotis and Evgeniy Gabrilovich. Quizz: Targeted crowdsourcing with a billion (potential) users. In *Proceedings of the 23rd International Conference on World Wide Web*, WWW '14, pp. 143–154, New York, NY, USA, 2014. ACM.

[50] Panagiotis G. Ipeirotis, Foster Provost, and Jing Wang. Quality management on amazon mechanical turk. In *Proceedings of the ACM SIGKDD Workshop on Human Computation*, HCOMP '10, pp. 64–67, New York, NY, USA, 2010. ACM.

[51] Yuya Itoh and Shigeo Matsubara. Adaptive budget allocation for sequential tasks in crowdsourcing. In *Principles and Practice of Multi-Agent Systems*, pp. 502–509, 10 2018.

[52] Eiichi Iwamoto, Masaki Matsubara, Chihiro Ota, Satoshi Nakamura, Tsutomu Terada, Hiroyuki Kitagawa, and Atsuyuki Morishima. Passerby crowdsourcing: Workers' behavior and data quality management. *Proceedings of the ACM on Interactive, Mobile, Wearable and Ubiquitous Technologies (IMWUT)*, 2018.

[53] Ayush Jain, Akash Das Sarma, Aditya Parameswaran, and Jennifer Widom. Understanding workers, developing effective tasks, and enhancing marketplace dynamics: a study of a large crowdsourcing marketplace. *Proceedings of the VLDB Endowment*, Vol. 10, No. 7, pp. 829–840, 2017.

[54] M. Joglekar, H. Garcia-Molina, and A. Parameswaran. Compre-

hensive and reliable crowd assessment algorithms. In 2015 *IEEE 31st International Conference on Data Engineering*, pp. 195–206, April 2015.

[55] Hernisa Kacorri, Kaoru Shinkawa, and Shin Saito. Capcap: An output-agreement game for video captioning. In *INTERSPEECH-2015*, pp. 2814–2818, 2015.

[56] Garry Kasparov and Daniel J. King. *Kasparov Against the World: The Story of the Greatest Online Challenge*. KasparovChess Online, 1st edition, 2000.

[57] Aikaterini Katmada, Anna Satsiou, and Ioannis Kompatsiaris. Incentive mechanisms for crowdsourcing platforms. In *Internet Science - Third International Conference, INSCI 2016, Florence, Italy, September* 12-14, 2016, *Proceedings*, pp. 3–18, 2016.

[58] Nicolas Kaufmann, Thimo Schulze, and Daniel Veit. More than fun and money. worker motivation in crowdsourcing - a study on mechanical turk. In *AMCIS*, 2011.

[59] Gabriella Kazai and Imed Zitouni. Quality management in crowdsourcing using gold judges behavior. In *Proceedings of the Ninth ACM International Conference on Web Search and Data Mining*, WSDM '16, pp. 267–276, New York, NY, USA, 2016. ACM.

[60] F. Khatib, F. Dimaio, S. Cooper, M. Kazmierczyk, M. Gilski, S. Krzywda, H. Zabranska, I. Pichova, and J. Thompson. Crystal structure of a monomeric retroviral protease solved by protein folding game players. *Nature Structural & Molecular Biology*, Vol. 18, No. 10, p. 1175, 2011.

[61] Aniket Kittur, Boris Smus, and Robert Kraut. Crowdforge: crowdsourcing complex work. In *Proceedings of the International Conference on Human Factors in Computing Systems, CHI 2011, Extended Abstracts Volume, Vancouver, BC, Canada, May* 7-12, 2011, pp. 1801–1806, 2011.

[62] Masaki Kobayashi, Hiromi Morita, Masaki Matsubara, Nobuyuki Shimizu, and Atsuyuki Morishima. An empirical study on short- and long-term effects of self-correction in crowdsourced micro-tasks. In *Proceedings of the Sixth AAAI Conference on Human Computation and Crowdsourcing, HCOMP* 2018, *Zürich, Switzerland, July* 5-8, 2018, pp. 79–87, 2018.

[63] Yuki Koyama, Issei Sato, Daisuke Sakamoto, and Takeo Igarashi. Sequential line search for efficient visual design optimization by crowds. *ACM Trans. Graph.*, Vol. 36, No. 4, pp. 48:1-48:11, July 2017.

[64] Anand Kulkarni, Matthew Can, and Björn Hartmann. Collaboratively crowdsourcing workflows with turkomatic. In *Proceedings of the ACM* 2012 *Conference on Computer Supported Cooperative Work*, CSCW '12, pp. 1003–1012, New York, NY, USA, 2012. ACM.

[65] Katsumi Kumai, Masaki Matsubara, Yuhki Shiraishi, Daisuke Wakatsuki, Jianwei Zhang, Takeaki Shionome, Hiroyuki Kitagawa, and Atsuyuki Morishima. Skill-and-stress-aware assignment of crowd-worker groups to task streams. In *Proceedings of the Sixth AAAI Conference on Human Computation and Crowd-sourcing, HCOMP* 2018, *Zürich, Switzerland, July* 5-8, 2018., pp. 88–97, 2018.

[66] Ludmila I. Kuncheva and Juan J. Rodríguez. A weighted voting framework for classifiers ensembles. *Knowledge and Information Systems*, Vol. 38, No. 2, pp. 259–275, 2014.

[67] L. Lam and S. Y. Suen. Application of majority voting to pattern recognition: an analysis of its behavior and performance. *IEEE Transactions on Systems, Man, and Cybernetics - Part A: Systems and Humans*, Vol. 27, No. 5, pp. 553–568, 1997.

[68] Edith Law and Luis von Ahn. Input-agreement: a new mechanism for collecting data using human computation games. In *Proceed-*

ings of the 27*th International Conference on Human Factors in Computing Systems, CHI* 2009, *Boston, MA, USA, April* 4-9, 2009, pp. 1197–1206, 2009.

[69] Edith Law and Luis von Ahn. *Human Computation.* Morgan & Claypool Publishers, 1st edition, 2011.

[70] John Le, Andy Edmonds, Vaughn Hester, and Lukas Biewald. Ensuring quality in crowdsourced search relevance evaluation: The effects of training question distribution. In *SIGIR* 2010 *workshop*, pp. 21–26, 2010.

[71] Guoliang Li, Jiannan Wang, Yudian Zheng, and Michael J. Franklin. Crowdsourced data management: A survey. *IEEE Transactions on Knowledge & Data Engineering*, Vol. 28, No. 9, pp. 2296–2319, 2016.

[72] Hongwei Li, Bo Zhao, and Ariel Fuxman. The wisdom of minority: Discovering and targeting the right group of workers for crowdsourcing. In *Proceedings of the* 23*rd International Conference on World Wide Web*, WWW '14, pp. 165–176, New York, NY, USA, 2014. ACM.

[73] M. Li, J. Weng, A. Yang, W. Lu, Y. Zhang, L. Hou, J. Liu, Y. Xiang, and R. Deng. Crowdbc: A blockchain-based decentralized framework for crowdsourcing. *IEEE Transactions on Parallel and Distributed Systems*, pp. 1–1, 2018.

[74] Huigang Liang, Meng-Meng Wang, Jian-Jun Wang, and Yajiong Xue. How intrinsic motivation and extrinsic incentives affect task effort in crowdsourcing contests: A mediated moderation model. *Computers in Human Behavior*, Vol. 81, pp. 168–176, 2018.

[75] Christopher H. Lin, Ece Kamar, and Eric Horvitz. Signals in the silence: Models of implicit feedback in a recommendation system for crowdsourcing. In *Proceedings of the Twenty-Eighth AAAI Conference on Artificial Intelligence, July* 27-31, 2014, *Québec*

City, Québec, Canada., pp. 908–915, 2014.

[76] Greg Little, Lydia B. Chilton, Max Goldman, and Robert C. Miller. Turkit: human computation algorithms on mechanical turk. In *Proceedings of the* 23rd *Annual ACM Symposium on User Interface Software and Technology, New York, NY, USA, October* 3-6, 2010, pp. 57–66, 2010.

[77] Zheng Liu and Lei Chen. Worker recommendation for crowdsourced q&a services: A triple-factor aware approach. *Proc. VLDB Endow.*, Vol. 11, No. 3, pp. 380–392, November 2017.

[78] Bernard Grofman Lloyd Shapley. Optimizing group judgmental accuracy in the presence of interdependencies. *Public Choice*, Vol. 43, pp. 329–343, 1984.

[79] Y. Lu, Q. Tang, and G. Wang. Zebralancer: Private and anonymous crowdsourcing system atop open blockchain. In 2018 *IEEE* 38th *International Conference on Distributed Computing Systems (ICDCS)*, pp. 853–865, July 2018.

[80] Adam Marcus, David Karger, Samuel Madden, Robert Miller, and Sewoong Oh. Counting with the crowd. In *Proceedings of the* 39th *international conference on Very Large Data Bases*, PVLDB '13, pp. 109–120. VLDB Endowment, 2013.

[81] Adam Marcus, Eugene Wu, David R. Karger, Samuel Madden, and Robert C. Miller. Human-powered sorts and joins. *PVLDB*, Vol. 5, No. 1, pp. 13–24, 2011.

[82] Winter Mason and Duncan J. Watts. Financial incentives and the "performance of crowds". In *Proceedings of the ACM SIGKDD Workshop on Human Computation*, HCOMP '09, pp. 77–85, New York, NY, USA, 2009. ACM.

[83] Masaki Matsubara, Masaki Kobayashi, and Atsuyuki Morishima. Learning effect by presenting machine prediction as a reference answer in self-correction. In *IEEE Workshop on Human-in-the-*

loop Methods and Human Machine Collaboration in BigData, pp. 3521–3527, 2018.

[84] Yoshitaka Matsuda, Yu Suzuki, and Satoshi Nakamura. A trade-off between estimation accuracy of worker quality and task complexity. In *IEEE Workshop on Human Machine Collaboration in Big Data, BigData 2017, Boston, MA, USA, December* 11-14, 2017, pp. 4410–4416, 2017.

[85] Panagiotis Mavridis, David Gross-Amblard, and Zoltán Miklós. Using hierarchical skills for optimized task assignment in knowledge-intensive crowdsourcing. In *Proceedings of the 25th International Conference on World Wide Web, WWW 2016, Montreal, Canada, April* 11-15, 2016, pp. 843–853, 2016.

[86] Pietro Michelucci. *Handbook of Human Computation*. Springer, 2013.

[87] Patrick Minder and Abraham Bernstein. Crowdlang: A programming language for the systematic exploration of human computation systems. In *Social Informatics - 4th International Conference, SocInfo 2012, Lausanne, Switzerland, December* 5-7, 2012. *Proceedings*, pp. 124–137, 2012.

[88] Ken Mizusawa, Keishi Tajima, Masaki Matsubara, Toshiyuki Amagasa, and Atsuyuki Morishima. Efficient pipeline processing of crowdsourcing workflows. In *Proceedings of the 27th ACM International Conference on Information and Knowledge Management, CIKM 2018, Torino, Italy, October* 22-26, 2018, pp. 1559–1562, 2018.

[89] Hajime Mizuyama and Eiji Miyashita. Product x: An output-agreement game for product perceptual mapping. In *Proceedings of the 19th ACM Conference on Computer Supported Cooperative Work and Social Computing Companion*, CSCW '16 Companion, pp. 353–356, New York, NY, USA, 2016. ACM.

[90] Atsuyuki Morishima, Shun Fukusumi, and Hiroyuki Kitagawa. Cylog/game aspect: An approach to separation of concerns in crowdsourced data management. *Inf. Syst.*, Vol. 62, pp. 170–184, 2016.

[91] Eugene V Nalimov, Christoph Wirth, and Guy McCrossan Haworth. Kqqkqq and the kasparov-world game. *ICGA Journal*, Vol. 22, No. 4, pp. 195–212, December 1999.

[92] Satoshi Oyama, Yukino Baba, Yuko Sakurai, and Hisashi Kashima. Accurate integration of crowdsourced labels using workers' self-reported confidence scores. In *Proceedings of the Twenty-Third International Joint Conference on Artificial Intelligence*, IJCAI '13, pp. 2554–2560. AAAI Press, 2013.

[93] Aditya G. Parameswaran, Stephen P. Boyd, Hector Garcia-Molina, Ashish Gupta, Neoklis Polyzotis, and Jennifer Widom. Optimal crowd-powered rating and filtering algorithms. *PVLDB*, Vol. 7, No. 9, pp. 685–696, 2014.

[94] Aditya G. Parameswaran, Hector Garcia-Molina, Hyunjung Park, Neoklis Polyzotis, Aditya Ramesh, and Jennifer Widom. Crowd-screen: algorithms for filtering data with humans. In *Proceedings of the ACM SIGMOD International Conference on Management of Data, SIGMOD 2012, Scottsdale, AZ, USA, May 20-24, 2012*, pp. 361–372, 2012.

[95] Aditya G. Parameswaran, Hyunjung Park, Hector Garcia-Molina, Neoklis Polyzotis, and Jennifer Widom. Deco: declarative crowd-sourcing. In *21st ACM International Conference on Information and Knowledge Management, CIKM '12, Maui, HI, USA, October 29 - November 02, 2012*, pp. 1203–1212, 2012.

[96] Habibur Rahman, Senjuti Basu Roy, Saravanan Thirumuruganathan, Sihem Amer-Yahia, and Gautam Das. Task assignment optimization in collaborative crowdsourcing. In *2015 IEEE Inter-*

national Conference on Data Mining, ICDM 2015, *Atlantic City, NJ, USA, November* 14-17, 2015, pp. 949–954, 2015.

[97] Vikas C Raykar and Shipeng Yu. Ranking annotators for crowdsourced labeling tasks. In J. Shawe-Taylor, R. S. Zemel, P. L. Bartlett, F. Pereira, and K. Q. Weinberger, editors, *Advances in Neural Information Processing Systems* 24, pp. 1809–1817. Curran Associates, Inc., 2011.

[98] Matt. Ridley. *The rational optimist : how prosperity evolves / Matt Ridley*. Fourth Estate London, 2010.

[99] Jakob Rogstadius, Vassilis Kostakos, Aniket Kittur, Boris Smus, Jim Laredo, and Maja Vukovic. An assessment of intrinsic and extrinsic motivation on task performance in crowdsourcing markets. In *Proceedings of the Fifth International Conference on Weblogs and Social Media, Barcelona, Catalonia, Spain, July* 17-21, 2011, 2011.

[100] Senjuti Basu Roy, Ioanna Lykourentzou, Saravanan Thirumuruganathan, Sihem Amer-Yahia, and Gautam Das. Task assignment optimization in knowledge-intensive crowdsourcing. *VLDB J.*, Vol. 24, No. 4, pp. 467–491, 2015.

[101] Jeffrey M. Rzeszotarski and Aniket Kittur. Instrumenting the crowd: Using implicit behavioral measures to predict task performance. In *Proceedings of the* 24*th Annual ACM Symposium on User Interface Software and Technology*, UIST '11, pp. 13–22, New York, NY, USA, 2011. ACM.

[102] Yuko Sakurai, Tenda Okimoto, Masaaki Oka, Masato Shinoda, and Makoto Yokoo. Ability grouping of crowd workers via reward discrimination. In *HCOMP*, 2013.

[103] Nihar Shah and Dengyong Zhou. No oops, you won't do it again: Mechanisms for self-correction in crowdsourcing. In Maria Florina Balcan and Kilian Q. Weinberger, editors, *Proceedings of The*

33rd International Conference on Machine Learning, Vol. 48 of *Proceedings of Machine Learning Research*, pp. 1-10, New York, New York, USA, 20-22 Jun 2016. PMLR.

[104] David Silver, Aja Huang, Christopher J. Maddison, Arthur Guez, Laurent Sifre, George van den Driessche, Julian Schrittwieser, Ioannis Antonoglou, Veda Panneershelvam, Marc Lanctot, Sander Dieleman, Dominik Grewe, John Nham, Nal Kalchbrenner, Ilya Sutskever, Timothy Lillicrap, Madeleine Leach, Koray Kavukcuoglu, Thore Graepel, and Demis Hassabis. Mastering the game of go with deep neural networks and tree search. *Nature*, Vol. 529, pp. 484-503, 2016.

[105] Robert Simpson, Kevin R. Page, and David De Roure. Zooniverse: Observing the world's largest citizen science platform. In *Proceedings of the 23rd International Conference on World Wide Web*, WWW '14 Companion, pp. 1049-1054, New York, NY, USA, 2014. ACM.

[106] Adish Singla, Ilija Bogunovic, Gábor Bartók, Amin Karbasi, and Andreas Krause. Near-optimally teaching the crowd to classify. In *Proceedings of the 31th International Conference on Machine Learning, ICML 2014, Beijing, China*, 21-26 *June* 2014, pp. 154-162, 2014.

[107] Rikuya Suzuki, Tetsuo Sakaguchi, Masaki Matsubara, Hiroyuki Kitagawa, and Atsuyuki Morishima. Crowdsheet: An easy-to-use one-stop tool for writing and executing complex crowdsourcing. In *Advanced Information Systems Engineering - 30th International Conference, CAiSE 2018, Tallinn, Estonia, June* 11-15, 2018, *Proceedings*, pp. 137-153, 2018.

[108] Rikuya Suzuki, Tetsuo Sakaguchi, Masaki Matsubara, Hiroyuki Kitagawa, and Atsuyuki Morishima. Crowdsheet: Instant implementation and out-of-hand execution of complex crowdsourcing.

In *Proceedings of IEEE International Conference of Data Engineering* 2018, pp. 1633–1636, 2018.

[109] John C. Tang, Manuel Cebrián, Nicklaus A. Giacobe, Hyun-Woo Kim, Taemie Kim, and Douglas "Beaker" Wickert. Reflecting on the DARPA red balloon challenge. *Commun. ACM*, Vol. 54, No. 4, pp. 78–85, 2011.

[110] Jack L. Treynor. Market efficiency and the bean jar experiment. *Financial Analysts Journal*, Vol. 43, No. 3, pp. 50–53, 1987.

[111] Nina Valkanova, Robert Walter, Andrew Vande Moere, and Jörg Müller. Myposition: sparking civic discourse by a public interactive poll visualization. In *Computer Supported Cooperative Work*, CSCW '14, *Baltimore*, *MD*, *USA*, *February* 15-19, 2014, pp. 1323–1332, 2014.

[112] Luis von Ahn and Laura Dabbish. ESP: labeling images with a computer game. In *Knowledge Collection from Volunteer Contributors*, *Papers from the* 2005 *AAAI Spring Symposium*, *Technical Report SS*-05-03, *Stanford*, *California*, *USA*, *March* 21-23, 2005, pp. 91–98, 2005.

[113] Luis von Ahn and Laura Dabbish. Designing games with a purpose. *Commun. ACM*, Vol. 51, No. 8, pp. 58–67, 2008.

[114] Luis von Ahn, Benjamin Maurer, Colin McMillen, David Abraham, and Manuel Blum. recaptcha: Human-based character recognition via web security measures. *Science*, Vol. 321, No. 5895, pp. 1465–1468, 2008.

[115] Jeroen Vuurens, Arjen de Vries, and Carsten Eickhoff. How much spam can you take? an analysis of crowdsourcing results to increase accuracy. *Proc. ACM SIGIR Workshop on Crowdsourcing for Information Retrieval* (*CIR* '11), pp. 21–26, 01 2011.

[116] Jacob Whitehill, Ting fan Wu, Jacob Bergsma, Javier R. Movellan, and Paul L. Ruvolo. Whose vote should count more: Optimal inte-

gration of labels from labelers of unknown expertise. In Y. Bengio, D. Schuurmans, J. D. Lafferty, C. K. I. Williams, and A. Culotta, editors, *Advances in Neural Information Processing Systems 22*, pp. 2035–2043. Curran Associates, Inc., 2009.

[117] Yan Yan, Rómer Rosales, Glenn Fung, and Jennifer G. Dy. Active learning from crowds. In *Proceedings of the 28th International Conference on Machine Learning, ICML 2011, Bellevue, Washington, USA, June 28 - July 2, 2011*, pp. 1161–1168, 2011.

[118] Bin Ye and Yan Wang. Crowdrec: Trust-aware worker recommendation in crowdsourcing environments. In *IEEE International Conference on Web Services, ICWS 2016, San Francisco, CA, USA, June 27 - July 2, 2016*, pp. 1–8, 2016.

[119] Yudian Zheng, Jiannan Wang, Guoliang Li, Reynold Cheng, and Jianhua Feng. Qasca: A quality-aware task assignment system for crowdsourcing applications. In *Proceedings of the 2015 ACM SIGMOD International Conference on Management of Data*, SIGMOD '15, pp. 1031–1046, New York, NY, USA, 2015. ACM.

[120] Jinhong Zhong, Ke Tang, and Zhi-Hua Zhou. Active learning from crowds with unsure option. In *Proceedings of the Twenty-Fourth International Joint Conference on Artificial Intelligence, IJCAI 2015, Buenos Aires, Argentina, July 25-31, 2015*, pp. 1061–1068, 2015.

[121] ランサーズ株式会社, 2018. フリーランス実態調査 2018 年版.

[122] 安川雅紀, 服部純子, 井上遠, 鷲谷いづみ, 喜連川優. コウノトリを対象とした市民科学によるデータ収集の試行. In *DEIM* 2019, 6 pages.

[123] 玉城将, 吉田和人, 山田耕司. クラウドソーシングプラットフォームを用いた卓球のパフォーマンス分析支援システムの開発. 電気学会研究会資料, Vol. 2018, No. 1, pp. 3-7, 2018.

[124] 永崎研宣. 日本語クラウドソーシング翻刻に向けて. 情報の科学と技

術，Vol. 64, No. 11, pp. 475-480, 2014.

[125] 国立情報学研究所プレスリリース．「日本初のゲームによるオープンサイエンス・プラットフォーム『mequanics』体験版（ウェブアプリケーション）を公開」．http://www.nii.ac.jp/news/2013/0528.

[126] 三原鉄也，石川夏樹，豊田将平，永森光晴，杉本重雄．画像認識とマイクロタスク型クラウドソーシングを組み合わせたマンガのコマ領域の判定．2018 年度人工知能学会全国大会（第 32 回）講演論文集．

[127] 鹿島久嗣，小山聡，馬場雪乃．ヒューマンコンピュテーションとクラウドソーシング．MLP 機械学習プロフェッショナルシリーズ．講談社，2016.

[128] 鹿島久嗣，福島俊一，平井千秋．「クラウドソーシング／ヒューマンコンピュテーション」特集号．デジタルプラクティス，Vol. 9, No. 4, 10 2018.

[129] 小山聡，鹿島久嗣，櫻井祐子，松原繁夫．特集「ヒューマンコンピュテーションとクラウドソーシング」．人工知能，Vol. 29, No. 1, 1 2014.

[130] 森嶋厚行．ビッグデータがもたらす超情報社会—すべてを視る情報処理技術：基盤から応用まで—：5. クラウドソーシング—新たな情報コンテンツ創造と社会デザインに向けて—．情報処理，Vol. 56, No. 10, pp. 978-981, 2015.

[131] 森嶋厚行，鹿島久嗣．（特集）クラウドソーシングの現状と可能性．情報処理，Vol. 56, No. 9, 8 2015.

[132] 神沼英里，藤澤貴智，中村保一．ライフサイエンス研究におけるクラウドソーシングの利用と実践．デジタルプラクティス，Vol. 9, No. 4, pp. 886-899, 2018.

[133] 清水伸幸，山下達雄，塚本浩司，颯々野学．クラウドソーシングにおける成果物の品質維持のためのダミー問題出題手法の検討．言語処理学会第 20 回年次大会予稿集，pp. 678-681, 2014.

[134] 清水伸幸，中川雅史．クラウドソーシングの現状と可能性：2. マイクロタスク型クラウドソーシングの現状と課題—実際の運用の知見か

ら―. 情報処理，Vol. 56, No. 9, pp. 886-890, 2015.

[135] 千葉市. ちば市民協働レポート実証実験［ちばレポ（トライアル）］
評価報告書.

[136] 大友賢二. 項目応答理論：Toefl・toeic 等の仕組み. 電子情報通信学
会誌，Vol. 92, No. 12, pp. 1008-1012, 2009.

[137] 小林直樹，松原正樹，田島敬史，森嶋厚行. Crowd-in-the-loop によ
る大規模学会のセッション作成の試み. In *DEIM* 2018, 6 pages.

[138] 日刊工業新聞. 筑波大，ai ボランティア募集―書誌情報チェック，
人と協働で. 2017 年 9 月 20 日.

[139] 日本労働組合総連合会，2016. クラウド・ワーカー意識調査.

[140] 白井哲哉. 災害アーカイブ 資料の救出から地域への還元まで. 東京
堂出版，2019.

[141] 浜村彰. プラットフォームエコノミーと労働法上の課題. 労働調査，
pp. 4-12, 8 2018.

[142] 武井響也，三原鉄也，永森光晴，杉本重雄. マイクロタスクによるマ
ンガの暗黙構造についてのメタデータ作成―マンガのコマを読む順序
とテキストの話者について―. 第 11 回データ工学と情報マネジメン
トに関するフォーラム（DEIM2019）予稿集.

[143] 平賀瑠美，若月大輔，小林真，白石優旗，塩野目剛亮，張建偉，福永
克己，宮城愛美，森嶋厚行. Iseee: パラスポーツにおける情報保障.
電子情報通信学会 2018 年総合大会予稿集，3 2018.

[144] 毛塚勝利. クラウドワークの労働法学上の検討課題（クラウドワーク
の進展と労働法の課題）. 季刊労働法，No. 259, pp. 53-66, 2017.

[145] 佐々木優，馬場雪乃，鹿島久嗣，森嶋厚行. クラウドソーシングに
よるリバーシを題材にした意見統合手法の検討. In *DEIM* 2017, 6
pages, 2017.

難しいクラウドソーシングに科学を

コーディネーター　喜連川　優

Help Find Jim Gray

クラウドソーシングに関して，いまだに忘れられない思い出は2007年にチューリング賞受賞者でもある著名なデータベース研究者の故 Jim Gray 博士がサンフランシスコ沖で趣味のヨット航海の最中に行方不明になったという連絡を受け取った時である．その時は，人工衛星からの画像を分割して Amazon Mechanical Turk に投げ，多くの人々で分担して探すということが行われた．空軍からも撮影されたと聞くが，残念ながら成功には至らなかったが，クラウドソーシングの可能性を感じさせる重要な出来事だったように思う（本書 1.3.1 項参照）．

古くて新しいアプローチ

クラウドソーシングという単語が世の中に出たのは2006年であるので，コンピュータ関連の話題の中では新しい方に入る．しかし，人に何かをしてもらうというのは，コンピュータができることが限られていた昔にはある意味当たり前のことであった．

ではなぜ今の時代に注目を集めるトピックになったか？　これまでに起こった本質的な変化の第一は，やはり検索エンジン以降のサイバー空間の大きな発展にあると言える．我々のような一般市民が何千人もの人々に仕事を容易に依頼できるようになったことであろう．第二は，様々なデータを活用することで適切な仕事と労働者

のマッチングが可能になってきていることである．例えば，現地に行って作業をしなければならないようなタスクを依頼するモバイル・クラウドソーシング事業（店舗の状況調査などを行なう Field Agent 等）では，個々のタスクだけでなく全体最適になるように仕事が割り当てられる．依頼するサイバーメディアがなければ最初の Help Find Jim Gray のような試みも不可能であったし，適切なタスクマッチングができなければ Field Agent のようなサービスも成立しないであろう．

クラウドソーシングは難しい

　一方で，クラウドソーシングをどううまく使えばよいのかはいまだに難しい問題と言わざるをえない．手元の問題を分割し，多くの人々にリーチして，適切な人々に割り当て，品質を保証する，という問題は，言うのは簡単であるが，実際にはどれも困難な問題である．クラウドソーシングという言葉が出てから 14 年経過しているが，成功事例はあるものの，一般論としてどのようにすれば皆が手元の問題をクラウドソーシングで解決できるのか，なかなか難しいのではないだろうか．クラウドソーシングの応用分野の一つはデータアノテーションであるが，品質保証付きのデータアノテーションはどのベンダーもやらない！とも聞く．人間がやる以上，特に品質の保証がクリティカルな問題をどう扱えばよいのかは依然としてクラウドソーシングの重要なチャレンジと言えるだろう．

実践者 兼 研究者による役に立つクラウドソーシング本

　本書の意義は，多くのクラウドソーシング本と異なり，どうすればより良い設計になるかを科学の視点から体系的に整理していることである．また，初心者に向けて，クラウドソーシングの本質，可

能性，社会的意義，設計法をかみ砕いて説明している．特に，著者の森嶋教授はクラウドソーシングに関して第一線で研究しているだけでなく，クラウドソーシングの実践についても数多く経験している．例えば，愛媛県とインドネシア バンダ・アチェ市による国際サイバー防災訓練でクラウドソーシングによる災害状況把握の実験といった，比較的単純なラベル付けのタスクを用いたプロジェクトや，学会プログラムの構築支援といったより複雑な問題にもチャレンジしている．具体的には，国内学会の DEIM フォーラムや国際会議の VLDB 等の大規模学会においては，数多くの研究発表を対象としたセッションプログラムを作成する必要があるが，これは一般にはプログラム委員長の見識に基づいた長時間の作業を必要とする箇所である．このプログラムの作成作業を支援するために，多くの人々によるマイクロタスクを用いた方法でたたき台を作成し，プログラム委員への負荷を大幅に下げることに成功していると聞き及ぶ．以上のような様々なプロジェクトの経験を踏まえて，本書では，設計について，基本的な手法の話から具体的な実践のノウハウ，例えばタスクの指示文の工夫などに関しては「仕事内容だけではなく，結果の利用目的を書くと良い」などの細かなテクニックまで書かれている．したがって，自らの問題を解決するためにクラウドソーシングを活用したいと思われる方に役立つと同時に，研究者視点での最新の研究動向などについても網羅されていることから，この分野を勉強したい人が最初に読むサーベイとしても役立つと思う．

索　引

著　者

森嶋厚行（もりしま あつゆき）

1998 年　筑波大学大学院工学研究科修了

現　　在　筑波大学図書館情報メディア系／人工知能科学センター 教授 博士（工学）

専　　門　データ工学，データベースシステム，クラウドソーシングシステム

コーディネーター

喜連川優（きつれがわ まさる）

1983 年　東京大学大学院工学系研究科博士課程修了

現　　在　国立情報学研究所 所長，東京大学生産技術研究所 教授 工学博士

専　　門　データベース工学

共立スマートセレクション 32 *Kyoritsu Smart Selection 32* **クラウドソーシングが 不可能を可能にする** ——小さな力を集めて 大きな力に変える科学と方法 *Science and Methods of Crowdsourcing* 2020 年 5 月 15 日　初版 1 刷発行	著　者　森嶋厚行　　© 2020 コーディ ネーター　喜連川優 発行者　南條光章 発行所　**共立出版株式会社** 郵便番号　112-0006 東京都文京区小日向 4-6-19 電話　03-3947-2511（代表） 振替口座　00110-2-57035 www.kyoritsu-pub.co.jp 印　刷　大日本法令印刷 製　本　加藤製本

検印廃止
NDC 007.35, 336.2

ISBN 978-4-320-00932-5

 一般社団法人
自然科学書協会
会員

Printed in Japan

JCOPY ＜出版者著作権管理機構委託出版物＞

本書の無断複製は著作権法上での例外を除き禁じられています．複製される場合は，そのつど事前に，出版者著作権管理機構（TEL：03-5244-5088，FAX：03-5244-5089，e-mail：info@jcopy.or.jp）の許諾を得てください．

共立スマートセレクション

【各巻】B6 判・並製
税別本体価格 1600 円〜 2000 円